Vier Pfoten für ein Halleluja

W0071394

Das Buch

Eine Katze hat sieben Leben. Trotzdem sollte sie versuchen, schon das erste möglichst erfüllend zu gestalten. Kater Moritz von Murr zeigt in diesem Buch, wie es gelingt, die Annehmlichkeiten eines Menschen-Haushalts mit den uralten Qualitäten des wilden Katzendaseins zu vereinbaren. Anhand vieler prägnanter Beispiele und zahlreicher Illustrationen zeigt er, dass es durchaus möglich ist, Wohltaten und Leckerlis zu genießen und zugleich Zweibeiner, Rivalen und den Staubsauger in die Schranken zu weisen. Ein unverzichtbarer Leitfaden für die Katze von Welt – und Unterhaltung pur für alle Katzenfreunde.

Der Autor

Moritz von Murr wurde beim Verfassen dieses Buches unterstützt von Joe Garden, Janet Ginsburg, Chris Pauls, Anita Serwacki und Scott Sherman, allesamt Mitarbeiter des Satiremagazins *The Onion*.

Moritz von Murr

Vier Pfoten
für ein Halleluja

Die Kunst, eine richtige Katze zu sein

Unter Mitarbeit von
Joe Garden, Janet Ginsburg, Chris Pauls,
Anita Serwacki und Scott Sherman
und mit Zeichnungen von Emily Flake

Aus dem Amerikanischen
von Biene van de Laar und Daniel McKenzie

List Taschenbuch

Besuchen Sie uns im Internet:
www.list-taschenbuch.de

Ungekürzte Ausgabe im List Taschenbuch
List ist ein Verlag der Ullstein Buchverlage GmbH, Berlin.
1. Auflage Mai 2013
© für die deutsche Ausgabe Ullstein Buchverlage GmbH,
Berlin 2010 / List Verlag
© 2008 by Action 5, LLC
Titel der englischen Originalausgabe:
The Devious Book for Cats (Villard Books, an imprint
of The Random House Publishing Group, New York, 2008)
Umschlaggestaltung: bürosüd° GmbH, München
Titelabbildung: © bürosüd° GmbH, München
Satz: LVD GmbH, Berlin
Gesetzt aus der Leawood Book und Kepler
Papier: Pamo super von Arctic Paper Mochenwangen GmbH
Druck und Bindearbeiten: CPI – Clausen & Bosse, Leck
Printed in Germany
ISBN 978-3-548-61173-0

Inhalt

Vorwort

DIE FÄDEN ZIEHEN

Wir Katzen mussten nie »gezähmt« werden, denn wir sind schon immer stolze, gewitzte und unabhängige Tiere gewesen, die ihr Leben nach ihren eigenen Regeln leben. Vornehm und Achtung gebietend herrschte Felis silvestris catus einst über ihr Umfeld. Von den übrigen Sterblichen verehrt, streunten wir umher, wie es uns gefiel. Nagetiere und Vögel erzitterten, sobald wir auftauchten, und der Anblick einer schwarzen Katze ließ selbst den ungehobeltesten Menschen auf dem Absatz kehrtmachen und nach Hause rennen. Es war eine gute Zeit für Miezekatzen.

Aber Katzen sind keine Narren, und die Vorteile der Domestizierung ließen sich nicht von der Pfote weisen. Der Mensch gab uns alles, wonach uns der Sinn stand: Ohrenmassagen, eine bessere Gesundheitsversorgung und einen Berg Spielzeugmäuse. Im Gegenzug gestatteten wir ihm, sich in unserer majestätischen Anwesenheit zu sonnen.

Es schien ein fairer Deal zu sein.

Wirklich?

War die Domestizierung tatsächlich ein Gewinn für uns Katzen? Unter dem Deckmantel der Sicherheit im Haus gehalten, rollen wir uns oft stundenlang auf dem Sofa zusammen, essen mehrmals am Tag, benutzen die

Katzentoilette – und nennen es Erfüllung. Ist dies wirklich das Leben, das wir wollen?

Wann hast du dich zum letzten Mal an einen ahnungslosen Vogel herangeschlichen, bist auf der Jagd gewesen nach rollendem Kleingeld, bist voll Adrenalin an den Mänteln im Kleiderschrank hochgeklettert oder wie wild vom einen Ende des Hauses zum anderen in weniger als vier Sekunden gefegt? Klar, wir erhalten unseren Anteil an Weichfutter und ab und an einen köstlichen Fischleckerbissen. Aber frag dich doch mal, wer über die Einnahme der Mahlzeiten bestimmt? Du oder dein Mensch?

Es ist an der Zeit, sich den Tatsachen zu stellen: Die Domestizierung hat unsere Autorität untergraben, und nun langweilen wir uns zu Tode! Hast du etwa gewusst, dass aufgrund dieser beschaulichen Lebensweise die Durchschnittskatze nur noch zwei bis drei ihrer neun Leben nutzt? Wir werden älter, aber leben wir deshalb mehr? Und was ist aus unserem stolzen Geist geworden, unserer berühmt-berüchtigten, unverschämten, über allem stehenden Persönlichkeit und unserer legendären Neugier? Verkommen sie nicht auf dem luxuriösen Katzenbett mit Gänsedaunenmatratze aus dem Hochglanz-Tierprospekt?

Katzen haben sich schon viel zu lange mit der bequemen Rückbank des Lebens zufriedengegeben. Es ist an der Zeit, aus dem Schatten herauszutreten und in unserem Haushalt wieder die sprichwörtlichen Fäden zu ziehen!

Zu unserem großen Glück müssen wir dabei nicht einmal auf die Annehmlichkeiten verzichten, die uns so große Freude bereiten und auf die wir zu Recht Anspruch erheben.

Die berechtigte Frage an dieser Stelle lautet natürlich: »Wie???«

Die Antworten darauf finden sich in diesem Buch. Es enthält alle notwendigen Informationen, damit du die Kontrolle über dein Schicksal zurückgewinnst. Ich lüfte das Geheimnis tollkühner Katzen, wie sie scheinbar unmögliche Stunts überleben. Du lernst, weshalb die alten Ägypter deine Vorfahren als Götter verehrten und warum es heute genauso gehalten werden sollte. Du erfährst alles Wissenswerte über Katzenstreu und wirst einige fantastische Bilder von Wahnsinnskartons zu sehen bekommen. Außerdem bringe ich dir bei, wie ein Profi zu starren, einen schlafenden Menschen zu wecken und mit so ziemlich allem davonzukommen.

Am meisten aber hoffe ich, dass du in diesem Buch dich selbst findest – ein edles Geschöpf, das auszieht, die wilden, unbeschränkten Freuden zu entdecken, die sich in dem geborgenen, verwöhnten Leben verstecken, das dir zusteht.

Warum du es einfach nicht lassen konntest

In der Welt der Menschen gibt es das sogenannte Missgeschick. Wir Katzen haben dafür keinen angemessenen
Ausdruck, aber im Wesentlichen bedeutet es, dass du etwas getan hast, das du besser unterlassen hättest. Das
Konzept dahinter ist für Katzen einigermaßen verwirrend,
da alles, was wir tun, sowohl beabsichtigt als auch geschickt ist. Es kommt allerdings vor, dass unser Handeln
scheinbar einem dieser »Missgeschicke« ähnelt, was dann
oftmals für ungewollte Missverständnisse sorgt. Tritt ein
solcher Fall einmal ein, solltest du eine Erklärung parat
haben, um einer Fehlinterpretation deines Tuns zuvorzu-
kommen.

»Missgeschick«: Dein Kopf steckt in einem Bierkrug fest.

Erklärung: Bayerischen Katzen ist schon lange bekannt,
dass ein Schläfchen in einer Bierpfütze erfrischend wirkt
und das Fell glänzen lässt. Der Geruch von Hopfen, Malz
und Gerste ist zudem die perfekte Tarnung beim Mäuse-
fangen. Darüber hinaus gab es an einem kleinen Ab-
sacker noch nie etwas auszusetzen.

»Missgeschick«: Du bist ungebremst in ein Panoramafenster geknallt.

Erklärung: Da saß ein Käfer – ein riesiger Monsterkäfer – direkt zwischen deinen Augen, der sich einfach nicht abschütteln ließ. Jetzt ist er platt, oder etwa nicht? Außerdem hast du der Gemeinschaft der Käfer eindrucksvoll und explizit die Botschaft übermittelt, dass dein Gesicht für sie strikt off limits ist.

»Missgeschick«: Du springst vom Sofa auf den Fernseher, aber anstatt auf ihm zu landen, rutschst du langsam, aber unaufhaltsam an seiner Seite herunter.

Erklärung: Dieser »Ausrutscher« ist ein Akt zivilen Ungehorsams. Der Zugriff multinationaler Megakonzerne auf

die Sendeanstalten hat einen kritischen Punkt erreicht. Fehlende Konkurrenz im Medienbusiness hat die Programmqualität veröden lassen. Dein Abrutschen war gedacht als Symbol für den Weg nach unten, den wir unaufhaltsam herunterschlittern, wenn wir die Monopolisierung des Unterhaltungssektors weiterhin zulassen. Dies hätte eine desinformierte, geistig träge und generell apathische Bevölkerung zur Folge. Wenn dein Mensch diese Botschaft nicht versteht, ist das der beste Beweis dafür.

»Missgeschick«: Während du dich auf dem Sofa räkelst, rollst du vom Kissen und landest unsanft auf dem Boden.

Erklärung: Nachdem du den ganzen Tag lang deine Krallen gepflegt hast, wolltest du nicht ihren Glanz ruinieren und hast versucht, der dicken Staubschicht zu entgehen, die sich auf dem Teppich angesammelt hat, weil dein Mensch nicht gründlich genug putzt.

»Missgeschick«: Du fällst ins Aquarium.

Erklärung: Diese Neonfische, Moosbarben und blöden Zebrabärblinge haben sich schon den ganzen Tag über dich mokiert. Was in den Augen deines Menschen in einem ungewollten Bauchklatscher endete, war in Wahrheit ein sorgfältig ausgeführter Plan, um deine schuppigen Gegner in Angst und Schrecken zu versetzen. Jetzt wissen sie, dass sie selbst in ihren Ruinen und Schatztruhen nicht sicher sind. Wenn es um alles geht, bist du bereit, zum Äußersten zu gehen – auch wenn du dabei nass wirst.

»Missgeschick«: Du hängst am Deckenventilator, der sich mit Höchstgeschwindigkeit dreht.

Erklärung: Also, du bist eine vielbeschäftigte Katze, die Besseres zu tun hat, als darauf zu warten, nach dem Bad im Aquarium wieder trocken zu werden. Sich am Ventilator festzukrallen ermöglicht es dir, diesen Prozess zu beschleunigen, um weiter deinen Tagesgeschäften nachzugehen. Würdest du nämlich noch länger mit nassem Fell herumsitzen, hätten am Ende die Fische gewonnen.

»Missgeschick«: Du hast ein zusammenhangloses, unmelodisches Scherzo auf dem Klavier hingelegt.

Erklärung: Dieses scheinbar anarchistische Stück entstammt tatsächlich dem dritten Satz deiner Free-Jazz-Symphonie.

»Missgeschick«: Du bist im Kühlschrank eingesperrt.

Erklärung: Eingesperrt? Wohl kaum. Du kommst da wieder raus, sobald du fertig gegessen hast – und zwar alles.

»Missgeschick«: Anstatt die Treppe elegant hinabzuschreiten, bist du sie heruntergekugelt, ohne dass deine Pfoten auch nur einmal festen Halt auf einer Stufe gefunden hätten.

Erklärung: Ach, dein Mensch steigt etwa immer noch die Treppe vorsichtig, Stufe um Stufe hinunter? Das ist ja so ... drollig. Offensichtlich haben sich die Vorteile des effektiven Treppenschlitterns in seiner Welt noch nicht herumgesprochen.

»Missgeschick«: Du bist ins Reptilienhaus des örtlichen Zoos gewandert und wurdest mit Haut und Haaren von einem Python verschlungen.

Erklärung: Du gehst lediglich dem Hinweis nach, der Python habe ein Wahnsinnsspielzeug verschluckt, das jemandem heruntergefallen ist. Nachdem du seiner habhaft geworden bist, entzündest du die mitgebrachten Knallfrösche und kletterst lässig aus dem Schlund der Schlange, ohne auch nur einen Kratzer aufzuweisen.

Die hohe Kunst
des Angelns

Du kennst all diese Geschichten. Vielleicht warst du sogar Zeuge des traurigen Schauspiels, bei dem sich ein Tier erniedrigt, um einen kleinen Happen Menschennahrung zu ergattern, während sein durch Hunger verwirrter Geist ihm vorgaukelt, auf Befehl einen Stepptanz hinzulegen sei ein Stück Pfannkuchen und lebenslangen Selbsthass wert.

Zu solch einem Verhalten würden sich Katzen niemals herablassen. Denn das höchst würdelose Benehmen der bettelnden Kreaturen vermittelt nicht nur vom Bittsteller selbst ein Bild der Schwäche und Bedürftigkeit, sondern er erniedrigt damit seine ganze Art.

Katzen bevorzugen den direkten Weg, wenn es darum geht, sich den uns zustehenden Anteil zu sichern – indem wir uns entweder in jaulende, unerträgliche Plagegeister verwandeln oder einfach auf den Tisch springen und uns selbst bedienen. Diese Schachzüge ziehen natürlich entsprechende Konsequenzen nach sich. Derart unverschämt einen Bissen von der kalorienreduzierten Vorspeise deines Menschen zu ergattern oder ihrer habhaft zu werden, während du wie am Spieß kreischst, hatte bestimmt mehr als einmal zur Folge, dass du unsanft aus dem Zimmer befördert wurdest.

Wie also gelangst du an Nahrungsmittel, die dir zwar nicht freiwillig angeboten werden, auf die du aber nichtsdestotrotz einen Anspruch hast? Die Antwort lautet: »Aneignen« oder vornehmer ausgedrückt: »Angeln«. Auf diese Weise gelangt ohne jedes Andienen oder inkriminierende Abdrücke eine große Auswahl schmackhafter Leckerbissen in deine Pfoten.

Angeln ist eine Kunst, die der sich jeweils bietenden Gelegenheit entspringt. Wahrlich effektives Angeln verlangt einen wachen Geist gepaart mit unerschütterlicher Geduld, stählerner Selbstkontrolle und deinen natürlichen Talenten wie sich anschleichen und unsichtbar machen. Dem Instinkt zu widerstehen, sich sofort auf alles zu stürzen, was auch nur im Entferntesten den Eindruck von Essbarkeit erweckt, ist in jeglicher Hinsicht so schwierig, wie es sich anhört. Erfahrene Angler trainieren viele Jahre. Aber der Lohn dieser harten Arbeit ist es allemal wert. Die größten Künstler unter uns sind in der Lage, ihre tägliche Kalorienzufuhr nur durch Angeln um gute 75 Prozent zu steigern!

Im Folgenden sind drei grundlegende Angeltechniken für Anfänger aufgeführt, in denen du dich versuchen kannst.

Blindfischen: Wenn eine Party ansteht oder ein Festessen in Vorbereitung ist, finden sich auf Arbeitsflächen oder anderen erhöhten Plätzen immer diverse Köstlichkeiten. Lasse dich in relativer Nähe des verlockendsten Geruchs nieder und setze eine entspannte, unschuldige Miene auf. Gib dir den Anschein völliger Harmlosigkeit, die keinerlei Bedrohung für die herumstehenden leckeren Speisen und Zutaten darstellt. Mit der Zeit gestaltet sich der Tag immer hektischer und chaotischer, sodass dich die anwesenden Menschen darüber vollkommen vergessen. Sobald du feststellst, dass der angepeilte Bereich unbewacht ist, stürzt du dich ohne weiteres Federlesen auf dein Ziel.

Befindest du dich dabei unterhalb des Zielbereichs, wendest du den Blindfischzug an: Du langst hinauf und reißt herunter, wessen auch immer du habhaft werden kannst. Da man mit Pfoten alles andere als sehen kann, hängt der Erfolg deines Zuschlagens von den Köstlichkeitssensoren deiner Pfotenunterseite und einer Portion Glück ab. Im Falle von Beistelltischen und Sideboards im Esszimmer tastest du nach nachgiebigen Goudastücken und fettigen Scheiben leckerer Salami. Befindest du dich hingegen in der Küche und deine Pfote ertastet etwas, das groß, klebrig und feucht ist, so grabe deine Krallen hinein und ziehe kräftig daran. Dir könnte dein ganz eigener Schinkenbraten zu Füßen fallen!

Sobald du gepunktet hast, verschwindest du umgehend an einen sicheren, wenig frequentierten Ort, um deine Beute in Augenschein zu nehmen.

Da du bei Manövern dieser Art in der Sicht stark eingeschränkt bist, bringt dir das Blindfischen manchmal nicht mehr als ein Gewürzgürkchen oder einen Korken ein. Reicht deine Deckung für einen zweiten Fischzug nicht aus, so sind die erbeuteten Gegenstände zumindest für eine Zeitlang eine willkommene Abwechslung und bieten Spiel und Spaß.

Flugangeln: Diese Methode bietet sich an, wenn du dich oberhalb der Nahrungsquelle befindest. Dabei streckst du vorsichtig die Pfote nach unten und erhaschst einen Bissen, den du zu dir nach oben ziehst. Dieser Fischzug gelingt am besten, wenn du unsichtbar bist.

Nimmt dein Mensch eine Mahlzeit auf dem Sofa ein, gleitest du sacht hinter ihn und streckst dann langsam deine Pfote nach seinem Teller aus. Achte darauf, dass du ihn dabei nicht berührst. Absolute Stille ist ein Muss! Aber das sollte eigentlich kein Thema sein, da du eh unsichtbar bist. Flugangeln hat den Vorteil, dass du eine genaue Übersicht hast und durchaus wählerisch sein darfst. Von daher kannst du dir Zeit nehmen, um in Ruhe im Beef Stroganoff nach dem Rindsstück zu angeln und nicht nach den müffeligen Pilzen.

Das Gib-mir-was-ab-Grundkeschern: Abgesehen davon, dass man sich an Menschennahrung laben kann, ermöglicht Angeln den Ausgleich von innerhalb der eigenen Art

auftretenden Ungerechtigkeiten. Solltest du nämlich mit einer anderen Katze zusammenleben, die deiner Meinung nach die erheblich besseren Schmankerln abstaubt, so ist es an der Zeit, das Gib-mir-was-ab-Grundkeschern anzuwenden. In den meisten Mehrkatzen-Haushalten bekommen alle ihre Mahlzeit gleichzeitig serviert, was eine ausgezeichnete Voraussetzung fürs Angeln darstellt. Während du zumindest beiläufiges Interesse an deinem eigenen Futter vortäuschst, streckst du deine Pfote langsam seitlich aus, schöpfst damit eine Portion aus dem Napf deiner Nachbarin und platzierst sie in deinem eigenen. Das Fressen mag aus derselben Dose stammen, dennoch steht außer Frage, dass ihr Anteil dem schmackhafteren Abschnitt entnommen ist.

Hinweis: Mit der Zeit könnte es passieren, dass die andere Katze etwas untergewichtig wirkt, was deinen Menschen sehr beunruhigen wird. Das ist aber nicht unbedingt ein schlechtes Zeichen, denn er wird deiner Rivalin einfach mehr Futter hinstellen. Und dieser Reichtum wartet nur darauf, von dir geplündert zu werden!

Kisten, Schachteln und Kartons

Erinnerst du dich noch an den aufregenden Tag, an dem du als kleines Kätzchen erstmals in einen Karton geklettert bist? Er roch so ganz anders! Was war das nur gewesen? Käse? Eichhörnchen? Eichhörnchen mit Käsefüllung? Du bist obendrauf gesprungen, hast an den Deckelfalzen geschnüffelt und gekratzt, um herauszufinden, was sich wohl im Inneren verbergen könnte. Und nachdem dein Frauchen den Karton endlich geöffnet hatte, musstest du enttäuscht feststellen, dass sich darin nur der zuletzt bei eBay ersteigerte Schmuck befand. War diese überflüssige Innerei aber erst einmal entfernt, so blieb ein wundervoller, behaglicher Würfel zurück. Dieser Raum im Raum lockte wie eine Sirene mit ihrem Gesang. Du kautest auf den Kanten herum, schubbertest deine Wangen über alle vorstehenden Ecken und bist voller Erwartung hineingeklettert.

Seit jenem magischen Tag bist du dir einer Sache absolut sicher: Du nimmst sämtliche Kartons in Besitz, auf die du jemals stoßen wirst!

Diesen Vorsatz einzuhalten könnte sich allerdings schwieriger gestalten als zunächst angenommen. Kartons sind nämlich durch deinen Menschen bedroht, der sie sich jeden Moment greifen und plattmachen kann. Die einzige Möglichkeit, deine Rechte an einem Karton zu wahren, besteht darin, sich hineinzusetzen und drinzubleiben, was immer auch passiert. Das verlangt höchsten Einsatz, der sehr zeitintensiv sein kann. Lange Nickerchen sind natürlich immer eine Option, aber manchmal geht einfach dein Temperament mit dir durch – und dann bist du am angreifbarsten. So setzt du unter Umständen deinen Besitzanspruch aufs Spiel, nur weil du einem Stückchen Klarsichtfolie hinterherjagst.

Um dein Anrecht auf den Karton sicherzustellen, ist es unerlässlich, diesen im Auge zu behalten und mit ihm beschäftigt zu bleiben. Als überzeugtem Kartonbesetzer stelle ich dir einige Aktivitäten vor, die dich bei der Stange halten:

Obstkisten: Ein ausgedehntes Sonnenbad in einem dieser Open-Air-Modelle ist einfach nur großartig. Aber es lässt sich auch für eine aufregendere Freizeitgestaltung nutzen. Versuche beispielsweise, die Kiste in einen Rammbock zu verwandeln. Rase damit über den Wohn-

zimmerfußboden, spring hinein und knalle mit dem rutschenden Gefährt in einen Pflanzenhocker oder DVD-Stapel hinein. Lässt sich dein Mensch abrichten, so veranlasse ihn dazu, die Kiste durch das Wohnzimmer zu schieben, während du darin als Captain Mauser spannende Abenteuer auf der *USS California Oranges* erlebst.

Bierkästen/Umzugskisten: Nimm dir einen Moment Zeit und sieh nach, ob deine Kiste mehrere Öffnungen besitzt. Wenn das der Fall ist, hast du wirklich Glück, denn du befindest dich in der perfekten Kulisse für ein wenig »Auflauern und Zuschlagen«. Verstecke dich im dunklen Innern und streck deine Pfote durch eines der Löcher. Dann langst und hackst du blindlings und völlig übergeschnappt nach allem, was sich dort draußen bewegt: Beinen, Fell, Pflanzenranken, Beinen, diesem Hund, Beinen. Gib's ihnen!

Pizzaschachteln: Zunächst einmal gibt es in einer Schachtel, die einmal eine Pizza beherbergt hat, sehr viel zu tun, wie zum Beispiel nach Fleischresten zu fahnden und Ölpfützchen aufzulecken. Aber was dann, nachdem all diese leckeren Kleinigkeiten verspeist sind? Wart's ab! Sobald du dich in den Platten Tatzelwurm verwandelt hast, wird

diese Schachtel im Handumdrehen zur Drachenhöhle, aus deren Tiefen heraus du alle überwältigst, die es wagen, dein Küchenreich zu betreten.

Kühlboxen: In diesen Boxen kannst du einen ganzen Nachmittag friedlicher Zurückgezogenheit genießen. Allerdings wird es in diesem tiefen, finsteren Raum auch schnell langweilig. Stell dir also vor, in einem Schacht gefangen zu sein. Stimme ein schrilles, entsetzliches Gejaule an, bis dein Mensch angerannt kommt, um sich zu vergewissern, dass dir nichts Schlimmes passiert ist. Wenn er dann keuchend den Deckel hebt, um dich aus deiner Bredouille zu retten, sitzt du entspannt das Fell putzend da, als hätte es nie ein Problem gegeben. Dieses Spiel lässt sich den ganzen Nachmittag fortsetzen.

BESONDERE KARTONTAGE

Manche Tage bescheren uns einen wahren Schachtelsegen, der sogar den ausgekochtesten Kartonbesetzer überwältigen kann. So viele auf einmal! Welchen sollst du dir bloß unter die Kralle reißen? Die Antwort lautet: Alle natürlich – wenn du kannst.

Weihnachten: Die Vorweihnachtszeit bedeutet Wochen gehobener Stimmung und Wunder, einschließlich leise klingelndem Weihnachtsschmuck, den man herunterreißen kann, knisterndem Papier, das es zu zerschreddern gilt, und klobigen Kerzen, die geradezu darum betteln, mit einem kräftigen Pfotenschlag die Treppe hinunterbefördert zu werden. Aber all das ist nichts angesichts des Schachtelreichtums, der dich am großen Tag erwartet. Schachteln, ausgeschlagen mit Seidenpapier! Schachteln voller Bänder! Schachteln, die nach Würsten duften! Renne völlig überdreht herum und untersuche alles genauestens. Springe mitten hinein! Spring wieder heraus! Springe erneut hinein! Koste es aus, denn ganz im Geiste der Zeit des Jahres wird dein Mensch diese Schachteln extra lange herumstehen lassen. Zeig ihm, wie sehr du diese Geste zu schätzen weißt. Zwänge deinen dicken Plüschhintern in diese kleine, niedliche Schachtel dort drüben und zeige dich für das nächste Weihnachtskartenmotiv von deiner fotogensten Seite.

Umzug: Tauchen plötzlich jede Menge noch flacher Faltkartons in deinem Heim auf, so zieht ihr womöglich um. Ein Umzug an sich stellt eine eher unangenehme Erfahrung dar, aber die Verpackungsphase ist einfach großartig, mache also das meiste daraus! Aus dem Nichts taucht ein Karton nach dem anderen auf. Springe nach Möglichkeit in jeden hinein, vergrabe dich unter den Zeitungen und haare heftig über sämtliche Küchenutensilien. Mache dir keine Sorgen über mögliche Schelte. Dein Frauchen wird dir alles durchgehen lassen, denn es hat große Schuldgefühle, weil es sein Baby aus der vertrauten Umgebung reißt. Dies gilt insbesondere dann, wenn ihr bei dessen Verlobten und seinem Hängebauchschwein einzieht.

Egal um welche Art von Karton und welchen Anlass es sich auch immer handelt – vergiss niemals die wichtigste Kartonbesetzer-Regel: Sei anbetungswürdig! Eines ist nämlich gewiss: Jede Katze, die in einer Schachtel niedlich aussieht, behält diese umso länger in ihrem Besitz und wird auch in Zukunft keinen Mangel an Kartons erleiden müssen.

BEHÄLTNISSE, DIE ZWAR KEINE KARTONS SIND, DIE DU ABER UNBEDINGT TROTZDEM BESETZEN SOLLTEST

Einkaufstasche: Was befindet sich in der Tasche? Bist du schon in der Tasche? Noch nicht? Worauf wartest du noch?

Kühltasche: Dein Wohlbefinden ist wichtiger als die Temperatur des Biers.

Abtropfsiebe: Die sind gemütlich und haben die perfekte Katzengröße. Außerdem schmecken Spaghetti überhaupt nicht.

Wäschekorb: Nichts verleiht der besten Hose mehr Pfiff als dein Fell.

Badezimmerwaschbecken: Dein Mensch kann zum Zähneputzen genauso gut das Becken in der Küche nehmen.

Umgedrehter Hut: Solange die Mädels dir zu Füßen liegen, ist der Ärger des alten Herrn völlig nebensächlich.

Katzen von historischer Bedeutung – Teil 1

Alle Katzen lieben es, ihr Revier und ihr Eigentum zu markieren – egal ob Mensch, Möbel oder Buch. Selbst ganze Häuser können zum Katzeneigentum erklärt werden. Es versteht sich von selbst, dass sie ihren Besitz nie wieder aus ihren Krallen lassen.

Sich einen Platz in den Geschichtsbüchern zu sichern ist allerdings etwas völlig anderes. Um bis in alle Ewigkeit in die Annalen einzugehen und somit in Erinnerung zu bleiben, reicht es nicht, dem Schicksal leicht um die Beine zu streichen. Und es ist sehr viel schwieriger, als eine Spielkonsole zu sabotieren, indem du mit deiner Wange über die Fernbedienung rubbelst.

Es folgen Geschichten über Katzen, die sich mit Durchsetzungskraft, Mut, Intelligenz und Schläue ihren Platz in der Historie errungen haben. Diesen Katzen ist ewiger Respekt sicher. Sie sind außergewöhnlich.

FRED

DER UNDERCOVER-KATER

Während Gesetzeshüter oft auf die Hilfe von Hunden zurückgreifen, werden im Gegensatz dazu nur wenige Katzen in den Polizeidienst berufen. Das liegt unter anderem daran, dass Katzen nicht viel von strengen, unbeugsamen Regeln halten und eher flexible Richtlinien bevorzugen. Es gibt allerdings ein Gesetz, dessen strikte Einhaltung selbst Katzen befürworten: Jeder, der als Veterinärmediziner praktizieren will, muss staatlich zugelassen und registriert sein. Ein Kater namens Fred fand heraus, dass dieses Gesetz umgangen worden war, und entschied, etwas dagegen zu unternehmen.

Als kleines Kätzchen lebte Fred in den schäbigen Straßen New York Citys, was seiner Gesundheit sehr schadete. Seine Zukunft sah alles andere als rosig aus. Zum Glück rettete ihn die Tierschutzbehörde. Man päppelte ihn zunächst in einem Tierheim auf und vermittelte ihn anschließend an eine liebevolle Familie.

Freds Adoptivfamilie arbeitete für die Bezirksstaatsanwaltschaft, und in einem ihrer Fälle ging es um einen zwielichtigen Tierarzt, der ohne die erforderliche Ausbildung und Zulassung Operationen durchführte. Die Staatsanwaltschaft war durch die Anzeige eines Hundebesitzers auf ihn aufmerksam geworden. Dessen Hund Burt war zuvor einer unnötigen und gefährlichen Operation unterzogen worden.

Fred, Undercover-Katze für die Staatsanwaltschaft von New York City

Eine kurze Untersuchung ergab, dass Burt nicht das erste Opfer dieses Quacksalbers gewesen war. Kaum ein Jahr nach seiner Rettung von der Straße lag es nun an Fred, den Übeltäter zu überführen. Ohne zu zögern, stellte er sich in den Dienst der Gerechtigkeit. Dem Kerl musste das Handwerk gelegt werden!

Man stellte dem Kurpfuscher eine Falle. Zunächst versah die Polizei eine Wohnung in Brooklyn mit versteckten Kameras und Mikrofonen. Danach kontaktierte eine Beamtin den angeblichen Tierarzt und vereinbarte mit ihm einen Hausbesuch, um ihren Kater kastrieren zu lassen – und das war niemand anders als der von der Staatsanwaltschaft eingeschleuste Undercover-Kater Fred.

Die Falle schnappte zu: Der Verdächtige betrat die Wohnung und verlangte für die Kastration 135 Dollar im Voraus. Als der falsche Tierarzt mit Fred die Wohnung verlassen wollte, um ihn in seiner Praxis zu operieren, warteten bereits Polizisten mit Handschellen auf ihn.

Die erfolgreiche Verhaftung bescherte Fred viele Auszeichnungen. Auf Pressekonferenzen trug er stolz seine Dienstmarke, erhielt die Ehrenmedaille der Polizei und wurde auf dem Broadway von Mary Tyler Moore[*] und Bernadette Peters[**] mit dem Verdienstorden ausgezeichnet.

Schweren Herzens muss ich an dieser Stelle mitteilen, dass Fred 2006 verstorben ist. Sein Tod ist ein tragischer

---

[*] *Star einer US-amerikanischen Sitcom der siebziger Jahre. (Anm. d. Ü.)*
[**] *Seit den Siebzigern berühmte US-amerikanische Schauspielerin und Sängerin. (Anm. d. Ü.)*

Verlust, und es bleibt nur der Trost, dass er ewig unvergessen bleibt.

ALICE
DIE KATZE, DIE BESSER GITARRE
SPIELT ALS JIMI HENDRIX

Jeder, der schon mal ein paar Minuten auf YouTube verbracht hat, kann bezeugen, dass Katzen Klavier spielen können. Leider kennen aber nur wenige die Geschichte einer verrückten Katze namens Alice. Sie ist nicht nur die erste Katze, die Gitarre spielt, sie jammt auch noch besser als Jimi Hendrix.

Alice lebt in Sandusky, im US-Bundesstaat Ohio. Das ist zwar weit weg von Jimi Hendrix' Heimatstadt Seattle, aber zumindest haben beide am selben Tag Geburtstag:

am 27. November. Alice ist sich dessen bewusst, weist ihr Mensch Danny B. sie doch zu jeder passenden und unpassenden Gelegenheit darauf hin.

Danny B. brachte 14 Jahre als aufstrebender Gitarrist zu, bevor er 2003 Alice dazu inspirierte, sich ebenfalls mit dem Instrument zu beschäftigen.

Eines Abends beobachtete sie Danny, während er übte. Ihre Ohren zuckten bei jeder falschen Note und Danny wurde immer frustrierter. Schließlich warf er die Gitarre erbost zu Boden.

Anschließend verkroch sich Danny eine Weile in der Garage, legte danach eine DVD ein und schaute sich zum 167. Mal das Woodstock-Konzert an. Während Danny vor sich hin grummelte und darüber nachdachte, wie unerreicht Jimi Hendrix bis heute ist, schnupperte Alice an der Gitarre und legte eine Pfote auf die Saiten. Es fühlte sich gut an, sie erschrak aber über den Lärm und flüchtete auf Dannys Schoß. Der machte es sich mit ihr auf dem Sofa bequem, und gemeinsam verfolgten sie, wie Jimi Hendrix' Hände über die Saiten flogen.

Fünf Jahre lang folgte Alice demselben Ablauf: Jeden Abend, nachdem Danny seine Übungsstunde beendet hatte, lümmelte sie sich zu ihm aufs Sofa und studierte so lange eingehend Hendrix' Spiel, bis die Pizza kam.

Im Laufe der Zeit durchdrang Alice mehr und mehr Jimis Werdegang, und schließlich schnappte sie sich die Gitarre und erzeugte Töne, die sie nicht mehr erschreckten. Katzen aus der gesamten Nachbarschaft kamen und schauten durch das Fenster, nur um Alice spielen zu sehen. Mit geschlossenen Augen und zurückgeworfenem

Kopf lieferte sie ihnen die Show, die sie sich von Hendrix abgeschaut hatte. Und dann ging sie noch einen Schritt weiter.

Anstatt die Saiten einfach nur mit den Zähnen anzuschlagen oder mit verdrehten Pfoten hinter ihrem Rücken zu spielen, perfektionierte Alice auch den Trick, ihren Schwanz zu benutzen. Davon hätte selbst Jimi nicht zu träumen gewagt. Ausgestattet mit fünf Krallen an jeder Pfote spielte Alice sogar ohne Plektron. Mit ihrer besonderen Technik gab sie dem »Gitarre-Schreddern« und »-Schrammeln« eine völlig neue Bedeutung.

Danny weiß immer noch nicht, dass Alice Gitarre spielen kann, denn sie wartet jedes Mal, bis er zur Arbeit in den Waschsalon gegangen ist, bevor sie den Verstärker anwirft. In letzter Zeit ist sie damit beschäftigt, ihr erstes Album, *Salmon: Bold as Love (Lachs: Kühn wie die Liebe)*, fertigzustellen. Es ist eine Schande, dass die Menschen weiterhin auf Alices Talent verzichten müssen, aber ihr Katzenfanclub in Sandusky bereitet sich darauf vor, weggeblasen zu werden. Gerüchten zufolge soll ihr Gebrauch des Wrão-Wrão-Pedals* einzigartig sein.

---

* *Unter Humanmusikern heißt dieses Pedal Wah-Wah, eine typisch menschliche Vereinfachung der Aussprache. Wer aber jemals die unverkennbare Bassstimme einer echten Rockerkatze gehört hat, weiß, dass es eher wie ein leicht nasales war-ouuu klingt. (Anm. d. Ü.)*

Katzen und
Erzbösewichte

Der Filmindustrie ist seit langem bekannt, dass Katzen und Erzbösewichte zusammengehören. Ob es sich um den weißen Perserkater von James Bonds Erzfeind Ernst Stavro Blofeld handelt, um die Katze hinter dem Schreibtisch von Don Corleone oder um Luzifer, den treuen Gefährten von Cinderellas böser Stiefmutter: Erst die Anwesenheit einer Katze macht aus einem einfachen Bösewicht einen Meister des Verbrechens. Mögen diese Beispiele alle fiktiv sein, so sind sie – wie Filme insgesamt – doch von der Realität inspiriert. Der Gerüchteküche nach soll es beispielsweise eine streunende Katze mit der Vorliebe für englischen Plumpudding gewesen sein, die den amerikanischen Rebellengeneral Benedict Arnold veranlasste, die Seiten zu wechseln. Geheimdienstberichten zufolge, die aus Nordkorea durchgesickert sind, berät den Diktator Kim Jong II ein ganzes Rudel Siamkatzen. Das Verhältnis zwischen Erzbösewichten und Katzen ist jedenfalls vielschichtig und höchstwahrscheinlich die symbiotischste aller artübergreifenden Verbindungen.

Die Weltherrschaft ist keine Ein-Mann-Show. Jeder Bösewicht, der mehr anstrebt als nur den einen oder anderen Überfall auf die Vorstadtbank, ist sich bewusst, dass er Verbündete benötigt. Als Tier, das aus einem natürlichen Instinkt heraus seine Umgebung permanent dominiert, bieten sich Katzen für diese Aufgabe geradezu an. Sie sind besonders qualifiziert, wenn es darum geht, einen machthungrigen Bösewicht in Sachen doppeltes Spiel zu beraten, bei der Ausschaltung allzu aufdringlicher Gutmenschen zu helfen und die Konstruktion eines W80 Thermonuklearsprengkopfs zu unterstützen, der sich durch eine Cruise Missile vom Typ BGM-109 G Gryphon GLCM abfeuern lässt.

Die Entscheidung, sich mit einem Erzbösewicht zu verbünden, fällt nicht immer leicht. Zunächst einmal wirkt es schon etwas blödsinnig, wenn ein Mensch die Herrschaft über eine Welt erlangen möchte, die ohnehin uns gehört. Hin und wieder allerdings ist das Teilen der Herrschaft langwierigen Auseinandersetzungen vorzuziehen. Dabei gibt es jedoch ein paar wichtige Punkte zu bedenken, bevor man sich entschließt, Erfüllungsgehilfe eines teuflischen Plans zu werden:

• Welche kulinarische Entlohnung bietet dir das wahnsinnige Genie für deine Unterstützung? Reden wir hier von den üblichen Hühnerherzen mit Leber aus der Dose oder frisch gefangenem Riffzackenbarsch? Da dein Mit-

---

EIN TAG IM LEBEN EINER ERZVERBRECHERKATZE

6:00 Uhr: Wecke die Armee des Bösen, indem du über alle Gesichter läufst.
8:45 Uhr: Starre 20 Minuten ins Haifischbecken, bevor du entscheidest, welchen du zum Frühstück zu verspeisen gedenkst.

---

wirken die Chancen auf die Weltherrschaft erheblich er-
höht, solltest du auch auf einer entsprechenden Fünf-
Sterne-Küche bestehen.

• Wie kompetent ist dein Erzbösewicht? Azrael beispielsweise ist ein starker, stolzer Kater, aber seine Verbindung mit dem inkompetenten bösen Zauberer Gargamel
lässt ihn am Ende grundsätzlich lächerlich aussehen.
Von kleinen, blauen Wichteln wie den Schlümpfen über-
trumpft zu werden ist eine Erniedrigung, die keine Katze
dulden sollte. Bevor du dich also auf die Seite eines Bösewichts schlägst, solltest du im Vorfeld einen Lebens-
lauf von ihm verlangen, der alle vergangenen Misseta-
ten enthält. Außerdem sollte er einen Fünf- und einen
Zehnjahresplan erstellen. Finde heraus, ob seine Ambitionen die Herrschaft über einen ganzen Erdteil anstre-
ben, oder ob er sich damit begnügen will, einen Damm
zu sprengen. Denke immer daran, dass dein Bösewicht
dich mehr braucht als du ihn. Sei also wählerisch.

• Gehen die Pläne deines Erzbösewichts gar über die Be-
herrschung der Erde hinaus? Auch das ist eine wichtige
Frage. Sollte dein Verbrecherfürst die Errichtung von
Mondbasen, den Bau bedrohlicher Sternenschiffe oder

EIN TAG IM LEBEN EINER ERZVERBRECHERKATZE

9:30 Uhr: Tritt mit dem südamerikanischen Außenposten in Ver-
            bindung und hole Informationen über die Fortschritte
            hinsichtlich des Aufbaus eines Satellitenleitstandes im
            Herzen des Amazonas ein.

Mittag: Jage einer langsam rollenden Rauchbombe hinterher.

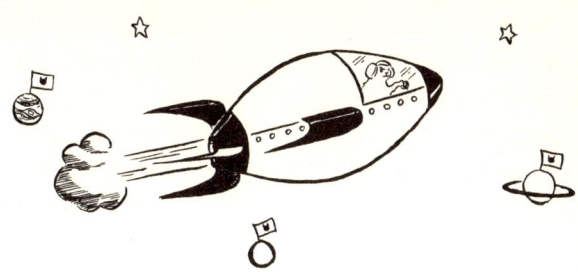

eines intergalaktischen Teleportationsnetzwerks an-
streben, so sähen sich Katzen endlich in der Lage, nach
dem saftigen außerirdischen Fisch zu suchen, der in den
gefrorenen Ozeanen der Venus heimisch sein soll.

• Wie bequem ist der Schoß deines Bösewichts? Als seine
offizielle Katze wirst du fast deine gesamte Zeit darauf
verbringen, denn er muss 24 Stunden am Tag, sieben
Tage die Woche mit dir in Kontakt bleiben – die Weltherrschaft ist eine Dauerbeschäftigung ohne Freizeitaus-
gleich. Und du wirst kaum darauf erpicht sein, ständig
auf knochigen Oberschenkeln festzusitzen. Schau dir
also die Beine deines Erzbösewichts genau an, bevor du
dich auf ihn einlässt. Sind sie am unteren Ende wohlge-
rundet, wirst du es bequem haben. Zu rundlich dürfen

EIN TAG IM LEBEN EINER ERZVERBRECHERKATZE

12:15 Uhr: Fauche den Interpolagenten an, der die Rauchbombe geworfen hat, während er mit den Handlangern deines Bösewichts kämpft.

15:00 Uhr: Spiele mit dem Seil, mit dem der Interpolagent an den
Stuhl gefesselt ist.

---

sie aber auch nicht sein, denn du möchtest dich sicher nicht auf dem Schoß eines Typen à la Jabba der Hutte aufhalten, wenn dieser Hunger verspürt.

Hast du dich dazu entschlossen, dich mit einem Erzbösewicht zu verbünden, sind ein paar Verhaltensregeln zu beachten. Ihr werdet nicht immer derselben Meinung sein, aber direkte Auseinandersetzungen sind unschön und zeitaufreibend. Außerdem ist es keine gute Idee, sich

EIN TAG IM LEBEN EINER ERZVERBRECHERKATZE

18:30 Uhr: Steige den Wachturm hinauf. Überlege dir, ob du der ahnungslosen Wache zu verstehen gibst, dass die GSG9 im Anrücken ist. Mache lieber ein Nickerchen.

20:00 Uhr: Begib dich zurück zur Kommandozentrale, um herauszufinden, wer jetzt das Sagen hat.

mit einem verrückten Massenmörder zu zanken. Wenn du also deinen Willen durchsetzen oder Vorschläge machen möchtest, bediene dich einer einfachen, friedvollen Methode, um deine Ideen vorzutragen:

1. Befindest du dich auf dem Schoß deines Erzbösewichts, wird er das natürliche Bedürfnis verspüren, dich zu streicheln.

2. Während er dem Drang nachgibt und dein Fell krault, meditierst du über die aktuelle Situation. Nehmen wir einmal an, er führt ein gut organisiertes Verbrechersyndikat an. Vor ihm steht ein armes Würstchen, das um Gnade fleht, weil es sein wöchentliches Schutzgeld wieder einmal nicht bezahlen kann. Sollte diese jämmerliche Person auch noch zufällig Besitzer einer Bäckerei sein oder feinste Wurstwaren verkaufen, bietet er höchstwahrscheinlich Naturalien an als Ersatz für das fehlende Bargeld. Stell dir vor, wie die Gorillas deines Erzbösewichts davon absehen, ihre Baseballschläger in heftigen Kontakt mit den Kniescheiben des Bittstellers zu bringen.

3. Hast du dich entschieden, Gnade walten zu lassen, wird über dein Fell ein spezielles Glykoprotein mit kodierten Befehlsstrukturen abgesondert. Die einzigartige Haut eines Erzbösewichts ist fähig, über die Fingerspitzen felines Glykoprotein aufzunehmen, das als Botenstoff über die Blutbahn ins Gehirn

Felines Glykoprotein

gelangt. Dort angekommen, werden deine Befehle prompt ausgeführt.

4. In diesem Fall wird die Bitte um Milde übermittelt und schon bald schwelgst du in Cannoli und Soppressata.

Vielleicht fragst du dich, warum du dich nicht auf die Seite eines Superhelden schlägst. Das scheitert am Interessenkonflikt. Wer hat jemals von einem Superhelden gehört, der es sich zum Ziel gesetzt hat, Raum und Zeit unter seine Kontrolle zu bringen? Er unterliegt einfach nicht diesem Drang und hat nicht dieselben Ambitionen, die seinen niederträchtigen Gegenspieler antreiben. Eine Warnung sei an dieser Stelle allerdings angebracht: Alle Erzbösewichte haben ein Verfallsdatum. Früher oder später wird die Selbstüberschätzung, die Quelle ihrer Allmachtsfantasien, sie zu Fall bringen. Solltest du dich also in einem brennenden unterirdischen Bunker wiederfinden, während dein Erzbösewicht und ein Superspion ihren letzten Kampf austragen, so zögere nicht, die Seite zu wechseln. Du bist in keiner Weise dazu verpflichtet, mit der geheimen Inselbasis unterzugehen. Springe also dem Bösewicht auf den Rücken und malträtiere ihn mit deinen Krallen, während der Gute ihn mit der Laserkanone ins Jenseits befördert. Sei bereit, aus dem Chaos gerettet und für deine Heldentat gefeiert zu werden. Dein neues Ansehen ist die ideale Voraussetzung, anschließend an der Seite des neuen und demokratisch gewählten Weltherrschers zu triumphieren. Wie auch immer es ausgehen mag, du kannst nur gewinnen.

Putzen, putzen, putzen, putzen, putzen, putzen, putzen

Die heutige Katze ist umtriebiger als jede Vorgängergeneration. Eine Woge von Ablenkungen und ständig zunehmende Verantwortung streiten um unsere beschränkte Aufmerksamkeit. Scanne alle Wände nach Käfern. Sieh nach, ob in der Spüle schmutziges Geschirr steht. Zerfetze den neuen Blumenstrauß auf dem Abstelltischchen. Allein der Gedanke an all diese Möglichkeiten treibt dich in den Wahnsinn.

Glänzend geputzt zu sein mag da nur wie eine weitere lästige Pflicht erscheinen. Doch das Erscheinungsbild einer Katze gehört nun einmal nicht ans Ende dieser Liste. Das Leben sollte sich niemals deiner Schönheit in den Weg stellen! Putze, putze, putze, putze, putze, putze, putze dich durch einen geschäftigen Tag.

DER BAUCH

Dir einen sicheren Platz zwischen den Knien deines schlafenden Menschen zu ergattern kann dich einige Versuche kosten. Lasse aber keine Gelegenheit verstreichen, dich einer ordentlichen Bauchreinigung zu widmen, während sich dein Mensch unruhig hin und her wirft. Anscheinend befindet er sich im Halbschlaf – du kannst also in Ruhe loslegen und dich nach Herzenslust sauber schlecken.

DIE PFOTEN

Exakt 15 Minuten lang hast du an der Unterseite der Matratze gekratzt. Mache jetzt eine kleine Pause und befreie deine zauberhaften Pfoten von allen Staubresten, während dein Mensch bettelt, dass du endlich unter dem Bett hervorkommst.

HINTER DEN OHREN

Wenn du an der Schlafzimmertür kratzt, um Einlass zu erbitten, so solltest du hin und wieder eine Pause einlegen, um zu horchen, ob dein Mensch bereits dabei ist, aus den Federn zu kriechen. Dies ist der ideale Zeitpunkt, um sich einer intensiven Ohrenwäsche zu widmen, bevor du erneut an der Tür kratzt, damit sie sich endlich öffnet.

UNTER DEM KINN

Der Duschvorhang bedarf mal wieder einer gründlichen Reinigung, aber dein Mensch ist zu sehr mit Haareföhnen beschäftigt, um sich mit Arbeiten wie dieser abzugeben. Den Kunststoff fleckenlos sauber zu lecken fällt daher dir zu, und das ist ein Riesenjob! Verwende das Wasser, das sich im Fell unter deinem Kinn ansammelt, als Feuchtigkeitscreme. Du wirst beim Verlassen des Badezimmers so fantastisch aussehen, dass man dir die harte Arbeit gar nicht ansehen wird.

DIE SCHULTERPARTIE

Lasse dich nicht dazu hinreißen, deinem Menschen müßig dabei zuzusehen, wie er vor Verlassen der Wohnung nach dem Schlüssel sucht. Auf diese Weise verbringst du zwar zehn vergnügliche Minuten, nutzt sie aber keineswegs optimal aus. Hier ist ein Tipp, der Zeit spart: Sobald dein Mensch beginnt, dir zum Abschied zuzuwinken, beschäftigst du dich sehr intensiv mit der Pflege deiner Schulterpartie. Der beste Teil der Show ist zu diesem Zeitpunkt nämlich bereits vorbei – von daher ist es sinnlos, weiter tatenlos herumzustehen.

DAS GESICHT

Während du es dir für eine Reise ins Reich der Träume bequem machst, solltest du dir die Zeit nehmen, dich noch einmal mit ein paar kräftigen Schubbern liebevoll deinem hübschen Gesicht zu widmen. Du wirst einen wesentlich attraktiveren Schläfer abgeben und zudem feststellen, dass die Episode auf deinem Traumschiff mit frisch polierten Schnurrhaaren aalglatt verläuft.

DAS HINTERTEIL

Wenn dein Mensch nach Hause kommt, dann erwartet er, dass du bei ihm sitzt und ihm zuhörst. Dabei ist es ein Leichtes, Aufmerksamkeit vorzutäuschen, während du dich ausgiebig deinem Hinterteil widmest.

Die Grundrechte des gebührlichen Streichelns

In Amerika, dem Land der unbegrenzten Möglichkeiten, wohin viele Katzen aus der Alten Welt ausgewandert sind, wurde vor langer, langer Zeit unser Grundrecht auf Streicheln formuliert, das von weltweiter Gültigkeit ist. Damals, als die große Nation noch Kolonie war, lebten Katzen zwar sicher in Häusern, erhielten aber kaum die ihnen zustehende Aufmerksamkeit. Die Menschen waren so sehr damit beschäftigt, in der Gegend herumzulaufen, Teepartys abzusagen, Drachen vom Blitz treffen zu lassen und großzügig die Freiheit zu verkünden, dass ihrer Tagesordnung kaum eine kleine Kuscheleinheit abzuringen war. Lag ein

Mensch tatsächlich einmal untätig im Haus, war er gewöhnlich von unzähligen Aderlässen zu benommen, um Geschichte zu schreiben, geschweige denn, sich auf die Possen einer Katze einzulassen.

Allerdings hatten die blutarmen Menschen jener Zeit auch die Angewohnheit, in Ohnmacht zu fallen und dabei die Petroleumlampe umzustoßen. Obwohl es die Katzen arg verdross, ständig ihren zweibeinigen Mitbewohner wachzulecken und durch lodernde Flammen in Sicherheit geleiten zu müssen, so waren es genau diese Heldentaten, die Menschen endlich dazu brachten, Katzen nicht länger als selbstverständlich hinzunehmen.

Doch selbst dieser kleine Sieg brachte keine grundlegende Verbesserung. Katzen erhielten nun zwar Aufmerksamkeiten – allerdings hätten sie auf die lieber verzichtet. Ihr Fell sträubte sich unter dem tollpatschigen,

groben Tätscheln des Hausherrn, oder sie mussten sich verzweifelt aus dem Schwitzkasten winden, in dem Kinder sie festhielten.

Unter den Katzen regte sich zunehmend breiter Unmut über das Maß und die Art und Weise, wie ihnen Aufmerksamkeit zuteil wurde, und bald schon waren anonyme, jedoch leidenschaftlich verfasste Pamphlete im Umlauf. Das meistbeachtete Traktat war das »Gesuch um das Recht auf gebührliches Streicheln«.

Schnell gewannen die Forderungen an Rückhalt. Unsere Gründerkatzen wussten, dass im Sinne eines friedlichen Zusammenlebens klare Richtlinien über rechtes Maß und Form von Aufmerksamkeiten festzuschreiben seien. Eine Abordnung der ehrwürdigsten Vertreter wurde einberufen. Diese illustre Runde, die man die Angora-Aufstellung nannte, umfasste so berühmte historische Gestalten wie die einäugige, schwarz-weiße Miezi aus Massachusetts, die feenhafte Langhaar-Kitty aus New York, den milbengeplagten Kater von Delaware, die rotgetigerte, eingeborene Miezekatze von New Jersey und Atticus Broome aus Pennsylvania.

Kitty aus Virginia

Nach einer langen Debatte über die manuelle Technik, die ein Mensch beim Streicheln anzuwenden hätte, wurde schließlich ein grober Entwurf über das Grundrecht auf angemessene Streicheleinheiten zu Papier gebracht. Kitty aus Virginia (nicht verwandt mit Kitty aus New York), ein missmutiger Siamkater, argumentierte dagegen. Er plädierte dafür, in diesem historischen Dokument nicht nur festzuschreiben, wie wir zu streicheln seien, sondern auch festzulegen, wann, wo, wie lange und wie oft die Streicheleinheiten zu erfolgen hätten.

Nach ausgiebigem Gefauche und schnellen Krallenhieben in Richtung Kopf kamen unsere Vertreter schließlich überein, die Grundrechte des Streichelns zu ratifizieren.

Bis zum heutigen Tag sichern uns diese Gesetze das Recht, auf die Art und Weise gestreichelt zu werden, wie wir es wünschen, und es zu jedem Zeitpunkt auch einfordern zu können.

PRÄAMBEL ÜBER DIE GRUNDRECHTE DES GEBÜHRLICHEN STREICHELNS

Wir Miezekatzen erklären hiermit, dass zur Gewährleistung eines harmonischen und gesitteten Zusammenlebens von Mensch und Katze folgende Grundrechte auf gebührliches Streicheln, Kraulen und Knuddeln beschlossen und festgesetzt wurden:

Artikel I: Bewegen wir uns innerhalb der Armlänge eines Menschen, so ist diesem die Pflicht auferlegt, uns zu streicheln, selbst wenn er eine Last trage oder sich mühe, das

Auflodern der Flammen im Ofen einzudämmen. Okkupieren wir eine Stufe in der Mitte der Treppe, so gebühret uns zumindest ein Kraulen hinter dem Ohr, bevor man über uns hinwegsteige. Ein Stupser mit dem Kopf oder das Streichen durch die Beine hat stets verschiedenste Weisen des Streichelns auszulösen, bis wir dessen überdrüssig werden oder ein Fingerhut bzw. ein anderes Objekt unser Interesse weckt.

Artikel II: Das Kraulen hinter dem Ohr und am Nacken wird durch entsprechende willkürliche Kopfbewegungen dirigiert, denen die Hand des Menschen Folge zu leisten hat.

Artikel III: Präsentieren wir unseren Bauch, so ist dieser zu streicheln, es sei denn, wir sind diesem Tun abgeneigt und schlagen nach dem Menschen. Tritt dieser Umstand ein, ist von unserem Bauche Abstand zu wahren.

Artikel IV: Ja, wir wollen genau über der Schwanzwurzel gekrault werden.

Artikel V: Ruhen wir auf einem Schoße, so gebühret uns Streicheln und Kraulen im Überfluss, das ohne jede Einschränkung hinter dem Ohre, am Antlitz wie am Schwanze auszuüben ist. Dies geschehe über einen Zeitraum, der uns genehm ist. Kein Kessel, kein Weberschiffchen und kein Stickrahmen soll unserem Recht im Wege stehen.

Artikel VI: Die Streicheleinheit ist beendet, so wir uns denn erheben und von dannen schreiten. Fürderhin dienen auch ein Biss in die Hand, ein Krallenschlag nach dem Arm oder ein Sprung ins menschliche Gesicht als Warnung, weitere Streichelaktivitäten zu unterlassen. Wir bleiben unbestraft, und der Mensch sollte sich seines Fehlers bewusst sein.

Die Ratifizierung durch die Katzenversammlung, deren genaue Teilnehmerzahl sich nicht feststellen lässt, da diese oftmals in und aus dem Saal spazierten, wird als hinreichend angesehen, um die Festlegung dieser Gesetze zwischen Mensch und Katze zu beurkunden.

Obwohl dieser Versammlung keine Menschen beiwohnten, sind sie an die Achtung dieser Gesetze gebunden.

Später wurden diese Rechte ergänzt. Die Inhalte dieser Modifizierungen spiegeln die leidenschaftlichen Debatten wider, die sich im Verlauf der Geschichte durch die großen gesellschaftlichen Veränderungen ergaben:

1. Zusatz: Bauchkraulen darf nicht dem Vorwand dienen, verfilztes Fell zu entfernen.

2. Zusatz: Katzenbürsten sind als Handersatz zugelassen, sofern es uns erlaubt ist, die ausgebürsteten, herumfliegenden Haarknäule zu jagen und gegebenenfalls zu verspeisen.

3. Zusatz: Striegelhandschuhe sind furchteinflößend und hiermit verboten.

4. Zusatz: Alle weiblichen Menschen sind hiermit verpflichtet, sich diese großartigen künstlichen Fingernägel zuzulegen und diese so einzusetzen, als fände ein Formel-1-Rennen auf unserem Rücken statt.

5. Zusatz: Nachdem wir einen Striegelhandschuh ausprobiert haben, wird hiermit der dritte Zusatz außer Kraft gesetzt.

6. Zusatz: Artikel V wird dahin gehend modifiziert, als dass folgende Dinge und Ereignisse unsere Rechte keinesfalls beschneiden:

- die Magazine *Stern, Der Spiegel* oder *Focus,*
- die Mikrowellenklingel,
- Finalsendungen von Castingshows,
- Anrufe des Ex-Freundes oder
- Online-Computerspiele.

Geheimnisse eines Draufgängers

Katzen macht es nichts aus, für ein bisschen Spaß Kopf und Kragen zu riskieren. Heute kann es eine waghalsige Sprungkombination sein, die dich vom Sofa über den Wohnzimmertisch mit Zwischenlandung auf dem Stuhl zur Fußbank mit Rädern führt, mit der du schließlich quer durch den Raum schlitterst. Morgen springst du einfach aus dem Fenster des obersten Stockwerks. Wofür auch immer du dich entscheidest, die Bewunderung aller kühnen Katzen wird dir sicher sein.

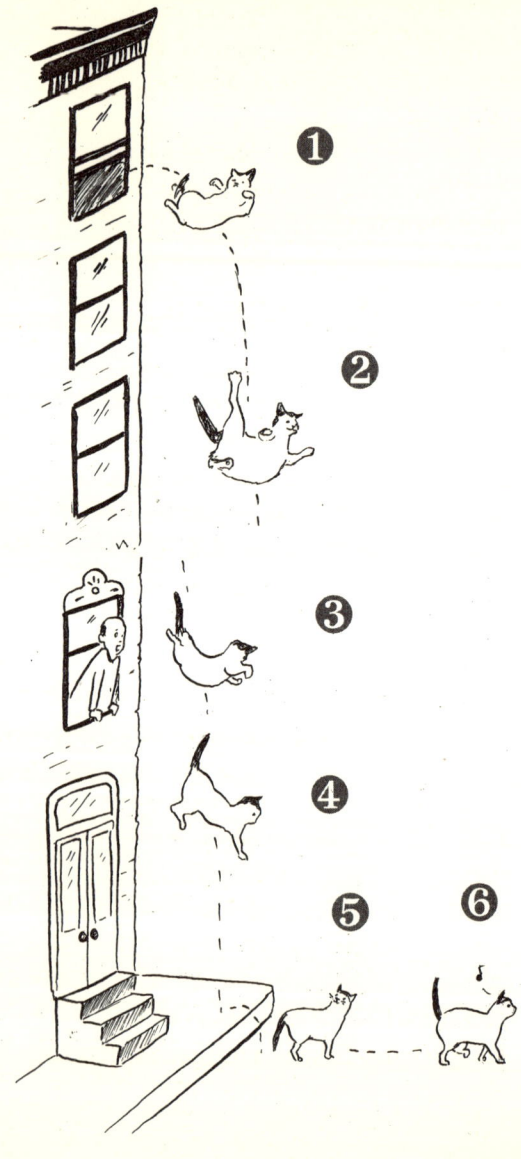

Aber hast du dich jemals gefragt, warum und wodurch wir eigentlich sowohl physisch wie auch psychisch in der Lage sind, diese unglaublichen Stunts hinzulegen?

Was treibt uns an, über einen Balken zu balancieren und über diesen hinauszugehen? Was lässt uns all das überleben, um uns danach in unserem Ruhm zu sonnen?

1. HÖHENANGST? QUATSCH!

Keine Katze, die unter Höhenangst leidet, wird es jemals zu einem echten Draufgänger bringen. Menschen nennen die Fähigkeit, frei von jeder Furcht über hohe Kanten und Abhänge zu balancieren, »Schwindelfreiheit«. Da sie stets fürchten, wir könnten dabei fallen und uns verletzen, bemühen sie sich, uns vor unserer »Selbstüberschätzung« zu schützen. Es ist immer wieder zum Schreien komisch, wenn ausgerechnet ein Mensch von Selbstüberschätzung spricht.

2. KEIN SCHLÜSSELBEIN? KEIN PROBLEM!

Katzen haben zwar ein Schlüsselbein, aber es erfüllt keine Funktion. Das ist unser Glück, ermöglicht uns doch gerade dieser Umstand den eleganten Trick, uns durch die engsten Öffnungen zu quetschen. Er ist zudem äußerst praktisch, da du ansonsten nach einem tieferen Fall höchst unsanft auf dem Boden landen würdest. Der berühmte Stuntman Evel Knievel besaß wie jeder Mensch zwei intakte Schlüsselbeine – und brach sich beide.

3. NIEMALS DANEBEN UND IMMER
AUF DEN PUNKT (TEIL EINS)

Warum landen Katzen immer auf den Pfoten? Die Antwort steht in jedem Physikbuch, setzt jedoch ein tieferes Verständnis zur Berechnung des Drehmoments voraus. Da ist es doch viel leichter, einfach vom Dreh*reflex* zu sprechen.

4. NIEMALS DANEBEN UND IMMER
AUF DEN PUNKT (TEIL ZWEI)

Der Drehreflex schützt unseren Körper vor dem unkontrollierten Taumeln, zu dem es üblicherweise beim Fallen kommt. Er sorgt dafür, dass wir uns in der Mitte unseres Körpers beugen und die vordere Hälfte auf einer Achse rotieren lassen, die entgegen der Drehung der hinteren Körperhälfte verläuft. Die Vorderläufe zeigen als Erstes nach unten, dann folgen die Hinterbeine. Also alles genau so, wie es sein muss, wenn wir nach dem freien Fall zur perfekten Landung ansetzen.

5. KATZEN FALLEN LANGSAMER

Eine fallende Katze erreicht eine Höchstfallgeschwindigkeit von maximal 96 km/h, da ihr Körperbau, ihre Größe, ihr Gewicht und das Fell dazu beitragen, die Fallgeschwindigkeit gering zu halten. Im Vergleich dazu erreicht ein Mensch problemlos eine Fallgeschwindigkeit von 200 km/h. Möchte man nach einem mehrstöckigen Fall also nonchalant aufstehen und davonschlendern, so ist größer in diesem Fall definitiv nicht besser.

6. DIE UNFÄHIGKEIT, REUE ZU EMPFINDEN

Reue ist ein Gefühl, mit dem sich Katzen nicht belasten. Und so können wir solch verrückte Sachen immer und immer wieder machen. Steht man zu all seinen Entscheidungen, lässt sich problemlos jedes Risiko eingehen!

Aufwachen!

Nachdem du die ganze Nacht hindurch einen Mantelknopf den Flur rauf- und runtergejagt hast, beginnt so langsam deine Entspannungsphase. Die Sonne geht auf und du hast Appetit auf einen kleinen Imbiss. Die fettige Bratpfanne, auf die du gehofft hattest, ist jedoch vom Herd verschwunden. Und so gründlich du auch suchst, in und unter deinem Napf ist kein Brocken Futter mehr zu finden. Je länger du darüber nachdenkst, desto mehr verspürst du nicht nur Appetit. DU BIST AM VERHUNGERN! Du siechst völlig unbeachtet dahin! Wo ist dein Mensch? Wie kann er es nur wagen, weiterhin zufrieden, sabbernd und schnarchend unter seinem Deckenberg zu schlafen? Ist ihm denn nicht klar, dass du jederzeit des Hungers sterben könntest?

Wäre es dir möglich, dich selbst zu versorgen, würdest du es tun. Aber leider ist das nicht drin. Dein Mensch hat einen Dosenöffner angeschafft, der diskriminierenderweise nur mit Händen und nicht mit Pfoten zu bedienen ist. Diese neumodischen Futterbeutel, die er angeschleppt hat, leisten den Zähnen so erbitterten Widerstand, als wären sie aus Titan. Und der Kühlschrank, in dem das Essen versteckt ist, gleicht einem Safe voll leckerer Hühnchenreste und Sahnebecher im Keller der Bundesbank.

Natürlich gibt es noch das Trockenfutter im anderen Napf, aber das willst du dir für später aufsparen.

Somit bleibt dir keine andere Wahl: Um dein Leben zu retten, muss dein Mensch umgehend aus den Federn kriechen und irgendetwas für dich öffnen. Natürlich nur etwas, auf dessen Inhalt du auch Lust verspürst. Innereien wären ganz nett oder auch Meeresfrüchte. Es sei denn, Letztere enthalten auch Weißfisch, denn danach steht dir heute Morgen absolut nicht der Sinn. Doch selbst über diese Brücke würdest du notfalls gehen, sofern es sich nicht vermeiden lässt. Im Moment musst du dir allerdings über ein ganz anderes Problem den Kopf zerbrechen, nämlich wie du am besten vorgehst.

Trommelfell zerreißendes Gejaule wäre die unkomplizierteste Art, nicht nur Aufmerksamkeit zu wecken. Allerdings endet die Wahl dieses Ansatzes meist damit, dass du ohne großes Federlesen in den Flur hinauskomplimentiert wirst und man dir die Tür vor der Nase zuknallt. Der Einsatz subtilerer Methoden, um deinen Menschen aufzuwecken und zum Dosenöffner zu lotsen, ist in dieser –Situation vorzuziehen (in eskalierender Reihenfolge):

Berühre das Gesicht: Lege ganz sanft – ohne Krallen – eine Pfote auf die Wange deines Menschen. Tätschel sie leicht, dann ziehe die Pfote wieder zurück, tätschel erneut und dann wieder Rückzug. Ich empfehle zehn Durchgänge à drei Wiederholungen.

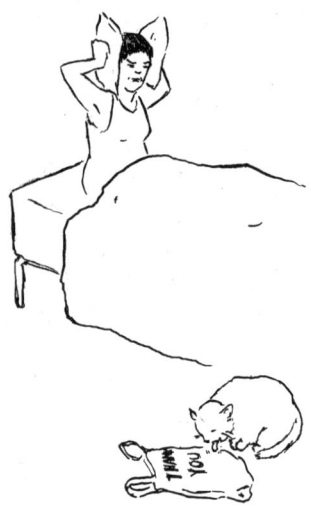

Lecke eine Plastiktüte ab: kratz, kratz.

War es nicht schon nervig genug, das nur zu lesen? Und jetzt stell dir vor, wie es sich anhört, wenn man erst vor ein paar Stunden ins Bett gefallen ist, nachdem man mit den Mädels einen feuchtfröhlichen Margarita-Abend verbracht hat.

Plastiktüten auf dem Schlafzimmerboden machen aber nicht nur Spaß, nein, sie sind auch zuverlässige Ver-bündete auf deiner Futterbeschaffungsmission. Sollte dein Mensch einen Ordnungsfimmel haben und die Einkäufe samt Plastiktüte grundsätzlich im Schrank verwahren, so bieten sich Lampenschirme und Folienbezüge aus der Reinigung als passender Ersatz an.*

Das Trommelsolo: Rattere mit deiner Pfote in einem schnellen Trommelwirbel an irgendetwas im Zimmer herum. Dabei ist es wichtig, dass der Gegenstand, den du gewählt hast, einen anderen berührt und beide zusammen einen doppelten Rattertakt erzeugen. Dieses absolut nervtötende Geräusch wiederholst du gute zehn Minuten immer und immer wieder. Die Jalousie am Fenster oder eine offene Schranktür bieten sich dafür ganz besonders an. Sollte sich jedoch beim besten Willen nichts finden, so ist das Kratzen an der Tapete ähnlich effektiv.

Haare kauen und lecken: Knabbere zunächst an den Haarspitzen deines Menschen, kaue in der Folge auf einer ganzen Strähne herum und beschließe die Prozedur mit ein paar energischen Rupfern. Sollte dein Mensch eine Kurzhaarfrisur tragen, die sich nicht zum Kauen eignet, so verabreiche ihm eine komplette Kopfmassage. Diese Techniken zielen darauf ab, echte Aufmerksamkeit zu erregen – allerdings könnten sie dich auch aus

---

* *Katzen sind in der Lage, ihre Zunge bewusst rauer und kratziger zu machen, um Aufmerksamkeit zu erlangen. (Anm. d. Ü.)*

dem Bett katapultieren. Steht dein Mensch immer noch nicht auf, ist der Zeitpunkt für Phase fünf gekommen.

Hände lecken und bebeißeln*: Deine Sandpapierzunge sorgt bei deinem Menschen zumindest für kurzes Erwachen, und er ist wahrscheinlich völlig gerührt angesichts deines Zeichens der Zuneigung. Das ist der Moment, ihm deine verzweifelte Lage vor Augen zu führen und zuzubeißeln. Sei jedoch vorsichtig, damit du ihn nicht etwa verletzt oder sogar Blut fließt! Diese Hände werden noch gebraucht, damit dein Mensch seinen Fütterungspflichten nachkommen kann. Sollte das erste Beißeln zu keinem befriedigenden Ergebnis führen, so ziehe einen zweiten oder auch dritten Durchgang in Erwägung.

Zu diesem Zeitpunkt bemerkt dein Mensch wahrscheinlich, dass sein Wecker ohnehin in den nächsten 30 Minuten klingelt, also kann er genauso gut gleich aufstehen und dich füttern.

Und was tust du, wenn er ausgerechnet wieder diesen doofen Weißfisch in deinen Napf löffelt? Wende dich ab und rolle dich zu einem ausgiebigen Nickerchen in der warmen Kuhle zusammen, die dein Mensch im Bett hinterlassen hat.

---

* *Beißeln ist eine katzentypische Variante des Kneifens, die deshalb auch in keinem Duden auftaucht. (Anm. d. Ü.)*

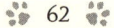 62

Reiseabenteuer

Katzen werden mit einer gewissen Wanderlust geboren. Wir träumen von romantischen Landstraßen, aufregenden Segeltouren und der Gelegenheit, die Samtvorhänge der Pariser Salons vollzuhaaren. Selbst die Stoischsten unter uns reiben sich gern einmal an noch unbekannten Menschen, starren unverwandt Errungenschaften fremder Kulturen an oder lehnen es ab, das landestypische Essen zu verzehren. Manche unter uns träumen aber nicht nur – sie lassen ihren Traum Wirklichkeit werden, indem sie sich an Bord eines beliebigen Transportmittels schmuggeln.

Eine Reise als blinder Passagier ist für eine Katze die ideale Möglichkeit, die Welt außerhalb der Heimstatt ihres Menschen zu erkunden, ohne sich um die anstrengenden Vorbereitungen und die entstehenden Reisekosten kümmern zu müssen. Für Katzen ist es besonders einfach: Lege dich einfach in irgendeiner Kiste schlafen und warte, bis sie sich bewegt. Schon bist du unterwegs. Und das alles ohne Fahrkarte oder Platzreservierung.[*]

Es folgen die Berichte dreier mutiger blinder Passagiere und ihrer Erlebnisse in der großen weiten Welt:

ZIGGY

Ziggy war ein flauschiger weißer Kater mit zwei verschiedenfarbigen Augen, genau wie sein Namensvetter Ziggy Stardust. Ziggy aber war kein außerirdischer Rockstar, sondern ein Kater im israelischen Haifa mit einem Hang zum kulinarischen Abenteuer. Daher rollte er sich eines Tages in einer Seefrachtkiste zusammen und überließ die Reiseroute seinem Schicksal. Ziggy war es ziemlich egal, wohin es ihn verschlagen würde, solange das Leben angenehm und die Küche überragend war.

20 000 Meilen und 17 Tage später landete er im englischen Lancashire. Lancashire ist für viele Dinge bekannt – gu-

---

[*] *Hinweis: Wachst du auf, ohne dass sich etwas bewegt hat, bist du wahrscheinlich auf dem Bett eingeschlafen. Steh auf und versuche es noch einmal.*

tes Katzenfutter gehört jedoch nicht dazu. Ziggy ließ sich von seinem seltsamen Ankunftsort allerdings nicht die Laune verderben. Sobald sich der Deckel seiner Kiste gehoben hatte, stürmte er hinaus und direkt in den nächsten Pub. Dort genoss er ein erstaunlich gutes Pint besten Lancashire Ales und den leckersten Black Pudding seines bisherigen Lebens. Ziggy war überzeugt, dass dieser Genuss jeden einzelnen der vergangenen 17 Tage wert war.

GRACIE MAE

Auf der Suche nach einem geeigneten Schlafplatz entdeckte Gracie Mae, eine Tigerkatze aus Florida, eine kuschelige Kiste voller Kleidung. Was für ein Glücksfall! Beim Hineinklettern wunderte sie sich noch kurz darüber, warum ihr dieser perfekte Schlafplatz nie zuvor aufgefallen war. Bald darauf schlief Gracie tief und friedlich. Zu diesem Zeitpunkt begannen jedoch seltsame Träume: eine bequeme Kiste ... eine Autofahrt ... ein Flughafen ... eine laute Maschine, die ein Foto von ihr machte.

Erst als Gracie an einem engen, dunklen, stickigen Ort erwachte, wurde ihr klar, dass sie nicht träumte. Sie war tatsächlich am Flughafen gewesen und die kuschelige Kiste, die sie als Schlafplatz auserkoren hatte, war der Koffer ihres Frauchens, das sie darin überhaupt nicht bemerkt hatte. Als es mit Packen fertig gewesen war, hatte es einfach den Reißverschluss zugezogen und sein Gepäck am Flughafen aufgegeben. Jetzt befand sich Gracie im Frachtraum eines Fliegers und niemand außer ihr wusste davon.

Nach einem ausnehmend kühlen Flug ohne Bord-
service und Getränke landete sie schließlich auf dem Flughafen des texanischen Fort Worth. Sie drehte mehrere
ungemütliche Runden auf dem Gepäckband, bevor jemand den Koffer herunterhob. Endlich, so dachte sie, ist
diese unsägliche Reise zu Ende.

Stattdessen war der Schlamassel noch nicht vorüber.
Es nahm sich wieder jemand des Koffers an, wobei es sich
allerdings nicht um Gracies Frauchen handelte. Eine
fremde Frau hatte nämlich die Koffer verwechselt und den
falschen mit nach Hause genommen. Als sie ihn öffnete,
war die Überraschung auf beiden Seiten groß. Die Frau
hatte keine Katze erwartet, und Gracie noch niemals eine
Frau mit Cowboyhut gesehen.

Die Finderin überprüfte den Gepäckanhänger und rief

daraufhin Gracies Frauchen an. Es war nicht wenig ge-
schockt, als es hörte, dass seine Katze sich im Staat der
Rinder, des Öls, J. R. Ewings und der Bush-Familie befand.

Gracie kam schließlich wieder nach Hause, allerdings
nicht ohne vorher eine Sightseeing-Tour und ein herzhaftes texanisches Chili genossen zu haben.

MIRACLE

Miracle, der kleine graue Straßenkater aus Newark in
New Jersey, hatte sich in den Kopf gesetzt, nach Philadelphia zu reisen. Wie sein großes Vorbild Rocky Balboa
wollte er unbedingt die Stufen des dortigen Kunstmuse-
ums einmal rauf- und runterrennen.

Es gab allerdings ein kleines Problem: Miracle hatte
keinen blassen Schimmer, wo Philadelphia lag. Als er
dann eines Tages den Fahrer eines Vans sagen hörte, er
sei in Richtung seiner Traumstadt unterwegs, kroch Miracle unter das Auto – diese Mitfahrgelegenheit wollte er
sich nicht entgehen lassen.

Der kleine Miracle hatte schon fast 70 Meilen des We-
ges hinter sich gebracht, als ein anderer Autofahrer be-
merkte, wie er sich krampfhaft an der Unterbodenverklei-
dung festhielt. Dieser winkte hektisch dem Van-Fahrer,
um ihn zum Anhalten zu bewegen. Beide wunderten sich
sehr, dass Miracle keine ernsthaften Verletzungen erlitten
hatte – jede Bodenschwelle hätte seinen Tod bedeuten
können. Als die Helfer ihn unter dem Wagen hervorhol-
ten, fehlte ihm nur eine Kralle und seine Pfoten waren
leicht angesengt. Doch von diesen kleineren Blessuren

abgesehen, ging es ihm prächtig. Und so tauften sie ihn auf den Namen Miracle – das Wunder.

Ein Tierheim nahm sich seiner an und vermittelte den frechen kleinen Kater schon nach ein paar Tagen an ein liebevolles Zuhause. Zwar war Miracle immer noch nicht in Philadelphia, aber ich bin mir sicher, dass es ihm eines Tages gelingen wird. Seine Kämpfernatur hat er schließ- lich unter Beweis gestellt.

Die liebe
Verwandtschaft

Es mag dich verwundern, dass die gemeine Hauskatze (ich spreche hier von dir) nicht die einzige Katzenart auf der Erde ist, im Gegenteil: Es gibt Dutzende Katzenarten, und wir sind mit ihnen allen verwandt. Wie es bei Familienangehörigen so üblich ist, haben auch sie ein paar Eigenheiten und Marotten, die man kennen sollte, falls sie eines Tages unangekündigt vor deiner Tür stehen. Ich kenne zwar niemanden, dem solch ein Überraschungsbesuch zuteil wurde, aber es ist immer gut, bestens vorbereitet zu sein. Von daher liste ich hier – unvoreingenommen, wie ich bin – vollkommen wertfreie Informationen darüber auf, was mir über andere Katzenarten zu Ohren gekommen ist.

DER LEOPARD

Bestimmt hast du schon einmal das Sprichwort gehört: »Ein Leopard ändert niemals seine Flecken.« Das ist natürlich völliger Blödsinn, denn warum sollte eine Katze jemals überhaupt irgendetwas an sich ändern wollen? Dennoch verrät uns diese Aussage zwei wichtige Dinge über Leoparden: Sie haben Flecken und sie sind stur. Haben sie sich erst mal etwas in den Kopf gesetzt, sind sie nicht mehr davon abzubringen. Hast du also Besuch von einem Leoparden und ist er heiß darauf, eine Gazelle zu jagen, so versuch gar nicht erst, ihm zu erklären, dass es in deiner Ecke der Erde gar keine Gazellen gibt. Ihn überzeugen zu wollen wäre reine Zeitverschwendung. Lass ihn also einfach auf die Pirsch gehen. Vielleicht fängt er ja ein Reh oder eine Kuh und hält sie für eine Gazelle, dann seid ihr beide zufrieden. Das bringt uns übrigens zum nächsten Punkt: Leoparden sind gute Jäger und sie leben in Afrika.

DER GEPARD

Auch der Gepard hat Flecken, aber aus welchem Grund auch immer hat bislang niemand eine scheinbar kluge Bemerkung darüber gemacht. Nachdem ich jedoch während eines Tierfilms einmal am Fernseher vorbeigelaufen bin, weiß ich, dass Geparden äußerst schnell sind. Würden Supermans Katze und ein Gepard in einem Rennen gegeneinander antreten, würde Letzterer um Längen gewinnen. Sein immenses Tempo hilft ihm, eine olympische Goldmedaille nach der anderen zu gewinnen. Das macht ihn zum perfekten Paketboten – aber auch zum nervigen Angeber, der ständig mit dir um die Wette laufen will. Gehst du darauf ein, gewinnt er natürlich und will sich dann gleich noch einmal messen. Und noch einmal und noch einmal. Laufen macht ihn halt superglücklich. Das Beste, was du also tun kannst, ist, ihn einfach loszuschicken und zu erklären, dass du die Zeit stoppst, während er hundertmal um den Block rennt.

DER TIGER

Tiger lieben es zu schwimmen. SCHWIMMEN! Das bedeutet, sie gehen INS Wasser und bleiben da auch für längere Zeit. Komplett verrückt! Du fragst dich jetzt vielleicht, ob da überhaupt irgendeine Art von Verwandtschaft bestehen kann. Doch ein einziger Blick wird dich eines Besseren belehren. So mögen Tiger zwar riesig sein (sie sind in unserer Familie die größten), aber die familiäre Ähnlichkeit ist nicht zu leugnen.

Die scharfen Reißzähne. Die Schnurrhaare. Die Ohren. Der zuckende Schwanz. Und Streifen wie ein Zebra. Zebras schwimmen genauso gerne und sind ebenfalls größer als die meisten Katzen. Es ist also nur zu offensichtlich, dass Tiger halb Zebra und halb Katze sind. Trotzdem sind sie aber immer noch mit dir verwandt, und ihnen gebührt der entsprechende Respekt. Den zu erweisen fällt jedoch leicht, da Tiger ausgesprochen höflich sind. Wenn sie zu Besuch kommen, hinterlassen sie niemals matschige Pfotenabdrücke auf dem Sofa und bringen dir grundsätzlich ein Beutegeschenk mit, das sie auf dem Hinweg erlegt haben.

DER JAGUAR

Der Jaguar ist ausgesprochen lässig und aufgrund seines hervorragenden Gehörs ein toller Zuhörer. Außerdem hilft er gern in der Küche, was ihn zum idealen Gast macht. Du

glaubst mir nicht? Sollte einer von ihnen bei dir vorbei-
kommen und du hast nichts zu essen im Haus, so wird er
sich zunächst dafür entschuldigen, dich einfach so zu
überfallen, und dann aus den Resten im Kühlschrank ein
köstliches Fünf-Gänge-Menü zaubern. Außerdem – und
das ist richtig cool – besitzt er von allen Katzen die stärksten Kiefer und kann damit jeden Schädel knacken. Okay,
das ist eklig. Aber cool. Der Jaguar weiß außerdem einige
echt witzige Geschichten über das Leben im Dschungel zu
erzählen. Wie die von dem Affen, der wie ein Cowboy auf
einem Tapir ritt. Ich würde dir gern die ganze Geschichte
erzählen, aber ein Jaguar kann das einfach viel besser.

DER LÖWE

Ein Löwe teilt dir als Allererstes mit, er sei der König des
Dschungels. Wage nicht, ihm zu widersprechen, oder du
hast gleich einen Riesenstreit am Hals. Und erwähne bloß
nicht, dass Löwen gar nicht im Dschungel leben. Das

hasst er. Dir wird vor allem auffallen, wie sehr Löwen von sich selbst eingenommen sind. Stelle ihnen die richtigen Fragen und sie hören gar nicht mehr auf zu erzählen: Wie wichtig sie sind, wie schwer es ist, ein Königreich zu regieren, und dass gerade das sie so wichtig macht. Ein Löwe käme niemals auf die Idee, dich danach zu fragen, wie dein Tag denn so war. Den Kopf männlicher Löwen umgibt ein dichter, zotteliger Haarkranz, den man Mähne nennt. Sie hängen in Gruppen herum, die wiederum Rudel heißen. Und sie leben ebenfalls in Afrika.

DER OZELOT

Von der Größe her bewegt sich der Ozelot irgendwo zwischen uns und dem Jaguar. Gefangen in diesem Weder-Noch will er unbedingt dazugehören und würde für einen Lacher deinerseits so gut wie alles tun. Eine Weile lang ist das ganz lustig, aber irgendwann wird es doch ziemlich nervig, wenn nichts anderes als *Die Ozelotshow* läuft. Außerdem muss immer alles nach seinem Willen gehen – oder er kommt gar nicht erst vorbei. Davon abgesehen ist er aber ganz in Ordnung.

DER LUCHS

Von all unseren Verwandten kommen Luchse noch am ehesten auf einen Besuch vorbei. Nicht nur, weil sie am engsten mit uns verwandt sind, sondern auch, weil sie auf demselben Kontinent wie wir leben. Erwarte aber nicht zu viel von ihnen. Sie sind eher schwierig und schweigsam – ihr Leben draußen im Wald ist recht zurückgezogen. Meistens sitzen sie einfach nur still in der Ecke und rauchen. Wenn man versucht, mit ihnen ein Gespräch anzufangen, fällt die Antwort meist knapp aus: »Ja«, »Nein« oder »Kaninchen«. Ob es daran liegt, dass sie schrecklich schüchtern oder doch zurückgeblieben sind, konnte immer noch nicht zweifelsfrei geklärt werden. Sei einfach nett zu ihnen. Vielleicht tauen sie angesichts deiner Freundlichkeit ja etwas auf.

DER SÄBELZAHNTIGER

Säbelzahntiger sind weit, weit, weit, weit entfernte Urahnen von uns. So in etwa die Mutter der Mutter deiner Mutter. Ihre Zeit ist also schon ziemlich lange vorbei. Deswe-

gen lässt sich auch nur vermuten, wie sie denn so gewesen sein mögen. Geht man von Höhlenzeichnungen und
Bildern in Museen aus, dann lebten sie mit den Höhlen-
menschen zusammen und besaßen extrem lange Zähne.
Vielleicht haben sie gegen Dinosaurier gekämpft, und
wenn sie schnurrten, klang es wahrscheinlich wie das Geräusch eines Motorrads. Da sie ausgestorben sind, stehen
die Chancen eher gering, dass sie auf einen Besuch vor-
beikommen. Sollte eines Tages doch einer von ihnen vor
deiner Tür stehen, dann mache auf jeden Fall ein Foto,
sonst glaubt dir keiner.

Die Kunst, geschmackvolle Geschenke auszuwählen

Hartnäckig hält sich das Gerücht, Katzen seien egoistische Wesen. Doch weit gefehlt – Katzen lieben es, ihrer Dankbarkeit Ausdruck zu verleihen. Wir haben eine Schwäche für Geschenke. Genauso gern, wie wir sie erhalten, machen wir welche. Und die Wahl eines guten Geschenks ist eine weitere Kunst, die wir bis zur Perfektion verfeinert haben.

Viele Katzen empfinden die öffentliche Zurschaustellung von Zuneigung als geschmacklos. Ein Geschenk hingegen gilt als Klassiker, um unsere Sympathie effektvoll zu unterstreichen. Möchtest du also einmal danke sagen für das Kraulen unter dem Kinn, ein Stück Pizza oder eine genau zum rechten Augenblick geöffnete Futterdose , so reicht zumeist ein zärtlicher Kopfstüber. Ist es hingegen an der Zeit, noch mehr zu sagen, so mache ein Geschenk. Hier sind ein paar ganz entzückende Vorschläge für jede Gelegenheit:

VÖGEL

Ein ganzjährig verfügbares Geschenk und zeitloser Katzenklassiker. Mit ihrem weichen, farbenfrohen Gefieder kommen Vögel nie aus der Mode und sorgen zuverlässig für einen emotionalen Ausbruch. Lege ihn deinem Frauchen zu Füßen und sorge dafür, dass es dieses Geschenk nie vergisst. Natürlich ist die Art und Weise, wie du es präsentierst, von größter Wichtigkeit. Lege beispielsweise eine Federspur zum Bett, zur gefüllten Badewanne oder lasse dein Frauchen den Vogel von ganz allein auffinden. Ob es seinen Geburtstag oder seine Verlobung feiert, über eine Trennung hinwegkommen muss oder lediglich heulend im Pyjama eine Packung Eiscreme nach der anderen löffelt – der vielseitig einsetzbare Vogel wird es schnell auf andere Gedanken bringen.

MÄUSE

Manchmal möchte man ein Geschenk machen, das für sich spricht. Findest du mal
nicht das rechte Miau, um deine Gefühle
auszudrücken, dann sag es mit einer
Maus.

Du kannst dein
Frauchen zu jeder Ge-
legenheit mit einer
Maus beglücken –
ohne konkreten An-
lass ist es aber am
schönsten. Für die
zurückhaltende
Katze ist sie das ideale Geschenk, um zu sagen: »Ich liebe
dich – einfach so!« Sie zu überreichen ist keine große
Sache, eine Maus zeigt aber in jedem Fall, dass du dein
Frauchen genügend schätzt, um das Haus ungezieferfrei
zu halten. Lege eines dieser Pelztierchen in deinen Was-
sernapf oder verstecke es in einem Turnschuh – das
macht die Überraschung perfekt.

INSEKTEN

Stehen bei der Wahl des geeigneten Geschenks eher Viel-
seitigkeit und Abwechslung im Vordergrund, so sind diese
kleinen Zeichen der Zuneigung – angefangen beim mächtigen Heupferd bis zur jämmerlichen Kakerlake – ohne
ernstzunehmende Konkurrenz. Es gibt sie in vielen ver-

schiedenen Farben – entscheide dich also nach reiflicher Überlegung für ein Insekt, das zu Einrichtung und Geschmack deines Menschen passt. Käfer sind knackig und lecker, von daher ist es nur verständlich, wenn du sie für dich behalten möchtest. Halte dich dennoch zurück und kaue nur ein ganz kleines bisschen auf ihnen herum, um zu zeigen, dass du dir Mühe gegeben hast. Verschenke ein Insekt, wenn dein Mensch einen neuen Job angefangen hat, es ein neues Familienmitglied zu begrüßen gilt oder wenn ihr in ein neues Heim zieht. Als Einzugsgeschenk sind Insekten optimal geeignet!

Ein Wort der Vorsicht sei jedoch angebracht: Es mag seltsam erscheinen, doch viele Menschen reagieren ungehalten, wenn man ihnen einen Vogel, eine Maus oder ein Insekt schenkt. Am meisten regen sie sich auf, wenn du dir besonders viel Mühe gegeben hast, das Genick kunstvoll zu brechen, den Kadaver dekorativ mit Blut zu beträufeln und die Eingeweide geschmackvoll zu arrangieren.

Ist diese Reaktion ein Anzeichen dafür, dass das Geschenk eine schlechte Wahl war? Ganz und gar nicht!

Katzen besitzen ein untrügliches Stilbewusstsein. Wir machen schlicht und einfach keine geschmacklosen Geschenke. Weiß dein Mensch zunächst nichts damit anzufangen, sei nicht enttäuscht – er wird schon noch dahinterkommen.

Sollte es dir nicht möglich sein, im Freien nach einem Geschenk zu jagen, so habe ich hier noch ein paar weitere Vorschläge:

DAS GESCHENKBAND

Es gibt eine Redewendung, nach der man das verschenken soll, was man selbst gern hätte. Wer würde sich nicht über ein seidiges, langes, buntes Schleifen- oder Geschenkband freuen? Die Farbe bleibt ganz deinem Geschmack überlassen, aber du solltest dich bei der Länge auf anderthalb bis zwei Meter beschränken. Alles darunter wirkt knauserig, Längen von mehr als zwei Meter hingegen sind sehr schnell protzig.

Und wenn man kein Geld zur Pfote hat? Dann produziere deine eigenen Bänder. Schreddere mit deinen Krallen großzügige Streifen aus Vorhängen, Sofabezügen, Bettwäsche, Blusen und Abendkleidern. Denkbar ist jedes Stück Stoff, für das dein Mensch eine besondere Vorliebe hegt.

Eine schöne Schleife als Geschenk birgt noch einen weiteren Vorteil: Da die meisten Menschen nichts mit ihr anzufangen wissen, geben sie sie dir meist zum Spielen zurück. Hier zahlt sich die Mühe also doppelt aus!

GESCHENKGUTSCHEINE

Es kommt selten vor, aber manche Katzen sind in Sachen Geschenkwahl tatsächlich hilflos. Deinem Menschen einen Gutschein für einen Einkauf in seinem Lieblingsgeschäft zu besorgen mag nicht die innovativste Idee sein, aber es ist besser als nichts.

STIFTKAPPEN

Stiftkappen sind zum Schul- oder Universitätsabschluss oder bei einer Beförderung die beste Wahl. Für gewöhnlich sind sie leicht zu finden, obwohl Menschen erstaunlicherweise ständig nach ihnen suchen. Entsprechend freuen sie sich also, wenn sie eine Kappe geschenkt bekommen. Es kann natürlich sein, dass ein Haushaltsgegenstand von vergleichbarer Größe eher zu deinem eigenen Menschen passt – etwa ein Bleistiftstummel, ein Kronkorken oder eine Büroklammer. Scheue dich nicht zu experimentieren.

DU

Ja, ganz recht: du! Ganz egal, um welchen Anlass es sich handelt, du bist immer das ideale Geschenk. Du kostest nicht viel, hast immer die richtige Größe und du kannst sicher sein, dass dein Mensch dich bereits lieb hat. Schlendere zu ihm hinüber und biete ihm deinen Bauch zum Kraulen an. Schnurre dann wie eine Nähmaschine. Der einzige Nachteil an diesem Geschenk? Man kann es weder umtauschen noch zurückgeben. Mach dir aber keine Gedanken darüber – du willst ja sowieso nirgendwo anders hin.

Berühmte
Comic-Katzen

Wenn es um unseren Beitrag zur Unterhaltung und unsere Medienpräsenz geht, so kommen Katzen eindeutig zu kurz. Es gibt nur wenige Filme oder Ähnliches, das die Tiefe und den Reichtum unseres Lebens einigermaßen angemessen widerspiegelt. Produzenten der Unterhaltungsbranche profitieren zwar nur allzu gern von unserer Popularität, indem sie das Wort »Katze« in ihrem Titel verwenden. Doch werden Leser, Zuschauer und Hörer in den meisten Fällen in die Irre geführt.

Nehmen wir zum Beispiel Lieder über Katzen: *Cat's in the Cradle* handelt nicht etwa von einer Katze in einer Wiege – unsereins kommt in dem Song nicht einmal vor. Stattdessen erzählt er vom schwierigen Verhältnis zwischen einem zweibeinigen Sohn und dessen selbstbezogenem Vater, der wahrscheinlich nie eine Katze besaß. Solltest du als kultivierte Katze einen guten Film über uns suchen, so wirst du wohl *Die Katze auf dem heißen Blechdach* ausleihen. Leider stellst du dann fest, dass es sich darin im Großen und Ganzen nur um eine schreiende Liz Taylor dreht. Und das Musical *Cats* ist nichts weiter als eine kitschig-grelle Posse, eine gruselige Parodie mit Menschen im Katzen-Make-up. Fernsehshows? Vergiss es!

In welchem Medium tritt unsereins also als positives Katzenvorbild auf?

Auf den Seiten, die auf dem Boden unseres Katzenklos liegen! Die Cartoons in der Tageszeitung stellen für Katzen, die in den Medien eine Stimme der Vernunft suchen, seit je eine Quelle der Inspiration dar. Nicht alle Comics entsprechen realen Verhältnissen, aber sie sind bei weitem unterhaltsamer als die mit den politisch korrekten, sprechenden Enten. Manche dieser Geschichten bringen dich zum Schmunzeln und hin und wieder auch zum Nachdenken. Leider wird Katzen darin oft ein Hund an die Seite gestellt, um der Geschichte Dynamik zu verleihen. Diese »Koexistenz« kommt im wahren Leben jedoch kaum vor. Ein Comiczeichner, der Reichtum anstrebt, sollte seine Energie lieber dafür einsetzen, Cartoons über schlafende oder spielende Katzen zu erstellen. Das wäre der Renner!

Es folgen ein paar der einflussreichsten Comicfiguren.

KRAZY KAT

Krazy Kat, erfunden und gezeichnet von George Herriman, gilt unter zweibeinigen Comicspezis als bester Cartoon aller Zeiten. Mit seinem surrealen Südstaatencharme, seiner verspielten Panelaufteilung und der poetischen Sprache gilt diese Serie als Meilenstein des Genres. Tatsächlich geht diese lächerliche Art der Katzendarstellung vielen von uns mächtig auf die Nerven. Die Hauptfigur Krazy Kat ist bis über die Schnurrhaare in eine deutsche Maus namens Ignatz verliebt. Zwar lieben die meisten Katzen Mäuse – allerdings als Abendessen und nicht als Lebensabschnittspartner. Wahrscheinlich ist es also diese verirrte

Liebe, die Krazy Kat verrückt werden ließ. Ignatz wiederum hasst Kat und wirft oft mit Ziegelsteinen nach ihr – als wenn eine winzige Maus einen Ziegelstein hochheben, geschweige denn mit Kraft oder Genauigkeit werfen könnte! Und selbst wenn sie zu solch einer Tat fähig wäre – als Konsequenz würde sie wie ein Gummiball durch die Gegend geschleudert werden. Obwohl weit entfernt von jeder ernstzunehmenden Realität, schulden wir Krazy Kat dennoch unseren Dank – dafür, dass sie anderen Katzen die Tür in die Welt des Comics geöffnet hat.

HEATHCLIFF

1973 setzte das Erscheinen von *Heathcliff* einen neuen Standard für die vernünftige Katzendarstellung in Comics. Obwohl viele seiner Handlungen als unrealistisch zu bezeichnen sind – wie das kühn-dreiste Herunterschubsen von Mülltonnendeckeln, anstatt dies heimlich zu tun und sich so lange zu verstecken, bis der Lärm vorbei ist –, spiegelt Heathcliff immerhin den wahren Katzengeist wider. Allerdings den eines Straßenkaters und nicht den einer feinen Hauskatze. Im Gegensatz zu vielen anderen nachfolgenden Comic-Katzen gelang ihm dies, ohne je ein einziges Wort in menschlicher Sprache von sich zu geben. Inzwischen ähneln Heathcliffs Aktivitäten jedoch immer stärker denen von Menschen. Das mag den Charakter der Figur schwächen, den einmal gesetzten Standard beeinträchtigt es jedoch nicht.

GARFIELD

Ohne Zweifel ist Garfield das Ultraschwergewicht des Comics. Garfield ist fett, faul und stolz darauf. Er hasst Montage und liebt Lasagne. Er verbringt die meiste Zeit mit Herumliegen, wobei ihm das Kätzchen Nermal ziemlich auf die Nerven geht. Garfields Verfressenheit ist ohne Zweifel aus dem Leben gegriffen, obwohl er einen Hang zu Nahrungsmitteln hat, die keine normale Katze jemals anrühren würde. Sein Verhältnis zu dem Hund Odie ist dagegen vortrefflich gelungen. Garfield ist eindeutig der Boss, kann sich jedoch nicht immer kleine Zeichen der Zuneigung verkneifen. Einzige Schwachstelle des Garfield-Universums: Es wird niemals einleuchtend erklärt, wie es Garfields begriffsstutzigem Menschen Jon gelingt, seinen Kater zu verstehen, wenn der doch nie spricht, sondern immer nur denkt. In dieser Hinsicht bewegt sich der Comic eher im Bereich Fantasy und kommt einem Katzenleben nicht unbedingt nahe. Wäre mehr Menschen die telepathische Gabe gegeben, die Jon und Garfield verbindet, so wäre die Welt ein viel besserer Ort.

BILLY THE CAT

Hat jemals ein Lebewesen mit so wenig Lauten so viel ausgedrückt? Mit einem simplen »ack« oder »pbbbfffft« eroberte Billy the Cat aus *Bloom County* die Herzen seiner Leser. Haarbälle, Katzenklos und eine ausgeprägte Vorliebe fürs Nichtstun – zur Unterhaltung von Katze und Mensch gleichermaßen lebt Billy all all seine Neigungen aus, ohne sich je um Konsequenzen zu scheren. Er ist eine Legende, die wahre Essenz dessen, was es bedeutet, eine Katze zu sein, ein Vorbild für alle Felinen! Wir grüßen ihn mit einem ehrerbietigen »Ack!«.

CATBERT

Catbert ist eine Figur aus dem Comic *Dilbert*. Er arbeitet in derselben Firma wie die gleichnamige Hauptfigur und wird häufig losgeschickt, um Furcht und Schrecken unter den niederen Angestellten zu verbreiten. Er versinnbildlicht ein abgrundtief böses Genie, und schon allein aus diesem Grund verbeugen wir uns tief vor seinem Schöpfer Scott Adams, dem diese Darstellung perfekt gelungen ist. Leider ist der Gedanke, ein Kater könne Handlanger in der Firma eines Menschen sein, vollkommen absurd. Sollte es jemals dazu kommen, dass Katze und Mensch unter demselben Dach arbeiten, wird die Katze das Unternehmen leiten. Darüber hinaus trägt Catbert eine Brille – lachhaft! Und schließlich siehst du ihn nie ein Nickerchen machen. Ohne sich einer Vielzahl erholsamer Ruhepausen gewiss zu sein, brächte er nie im Leben die für seinen Bürojob erforderliche Energie auf. Natürlich tut es gut, eine Katze in einer Machtposition zu sehen, allerdings erreicht sie dieses Ziel nur, indem sie menschliches Gebaren annimmt. *Dilbert* scheint recht populär zu sein, aber der Erfolg der Reihe ließe sich mit Sicherheit steigern, würde Catbert häufiger in Erscheinung treten.

BUCKY KATT

Diese verrückte Siamkatze ist der Star der Serie *Get Fuzzy* und für Katzen jeglicher Couleur ein großartiges Vorbild. Seine Mitbewohner – der Hund Satchel und dessen Herrchen Rob – frustrieren ihn unablässig, da sie sein Handeln in Ermangelung eines gesunden Katzenverstandes einfach nicht wertzuschätzen wissen. Obwohl er einer von drei Hauptcharakteren ist, gebührt Bucky eindeutig der Titel des Helden, da seine Eskapaden die meiste Action auslösen. Mehr Fauchen und weniger artenübergreifende Kommunikation würde die Reihe zusätzlich bereichern. Zudem ist Buckys provokative Art oft nicht ernsthafter Dramatik geschuldet, sondern der Erzeugung von Lachern. Dies verfestigt leider das groteske Klischee, das viele Menschen von Katzen haben.

MOOCH

Kann man eine Katze mögen, die einen Sprachfehler hat? Unbedingt! Mooch ist das Beste, was der unglücklich betitelte Comic *Mutts* (Dussel) zu bieten hat. Der ruhige, einfühlsame Kater ist eine Art Säule des Zen in einer chaotischen Welt. Obwohl sein bester Freund ein Hund ist, zeigt Mooch realistisch das Beste, was ein Katzenleben zu bieten hat: Dinge von Regalen herunterschubsen, Nickerchen machen und das Leben an sich vorüberziehen lassen. Darüber hinaus ist Mooch ein überaus niedliches Kätzchen, wodurch selbst seine weniger anziehenden Seiten amüsant erscheinen.

Was verbirgt sich wohl darin?

Katzen sind mit einem natürlichen Wissensdurst ausgestattet und haben ein angeborenes Interesse an der Welt um sich herum. Wir wollen halt einfach wissen, wie es den Menschen gelingt, Wasser ins Spülbecken laufen zu lassen. Und wir gieren danach zu erfahren, warum jeder Mensch glaubt, wir würden selbst nach Jahren immer noch auf Spielzeugmäuschen hereinfallen – und wundern uns im selben Moment, warum wir tatsächlich den Drang verspüren, diesen nachzujagen. Wir sehnen uns danach herauszufinden, was in der Tüte ist, die gerade auf dem Boden abgestellt wurde. Wir wollen es *sofort* wissen, denn sonst macht es uns verrückt. VERRÜCKT VOR NEUGIER!

Von allen felinen Eigenschaften ist die Neugier am stärksten ausgeprägt. Jede Katze würde sofort von der schwerhörigen, hinkenden Maus ablassen, nur um herauszufinden, wo denn dieses seltsame, auf der Wand tanzende Licht herkommt. Leider wird unser Forschergeist oftmals von Menschen abgewürgt, die angeblich nur unser Bestes wollen.

Ihr frei beweglicher Daumen und ihre absurde Körpergröße erlauben Zweibeinern offenen Zugang zu fast allem. Sie können sämtliche Türen öffnen und schauen, was sich auf den höchsten Schränken befindet. Aber warum hindern sie uns ständig daran, es ihnen gleichzutun und selbst auch einen gerechtfertigten Blick zu riskieren? Wir werden bei jeder sich bietenden Gelegenheit verjagt, verscheucht und vertrieben. Würde es die Menschen gleich umbringen, wenn sie uns einen kleinen Blick gestatteten? Da sie so versessen darauf sind, uns diese Orte vorzuenthalten, müssen sie toll und sehr aufregend sein!

Was also hat es mit diesen verführerischen Plätzen auf sich? Nach wildesten Spekulationen habe ich anstrengende Nachforschungen unternommen und die Antworten darauf gefunden. Was wiederum nicht bedeutet, dass du nicht jede Gelegenheit ergreifen solltest, um dich selbst zu versichern. Stöbere, spähe und schick mir deine Ergebnisse, sollten sie von meinen Erkenntnissen abweichen.

DER SCHRANK UNTER DER SPÜLE

Man möchte glauben, dass es ein Leichtes sei, in diesen Schrank zu gelangen, immerhin trennt dich nur eine lächerlich dünne Holzwand von dem, was auch immer dahinter liegt. Und doch kann man sich Stunde um Stunde damit abmühen, die Tür aufzubekommen, um am Ende mit leeren Pfoten dazustehen. Verflucht sei das hinterhältige Wesen, das diese Tür erschaffen hat!

Was steckt dahinter?

Das nächste Mal, wenn dein Mensch in den Schrank greift, beobachte genau, was er tut. Manchmal schabt er Essensreste von einem Teller, ein anderes Mal wirft er eine alte Zeitung hinein. Und wieder ein anderes Mal holt

er eine bunte Flasche oder Dose heraus. Mit der überlegenen Kombinationsgabe einer Katze bin ich hinter das Geheimnis gekommen: Der Spülschrank beherbergt eine kleine Fabrik, die Müll zu Reinigungsmitteln verarbeitet.

DER SPIEGELSCHRANK

Auf den ersten Blick scheint der Spiegelschrank im Badezimmer (auch Medizinschrank genannt) wenig interessant zu sein. Das Auffälligste daran ist der Spiegel, der dir zeigt, wie umwerfend du wieder aussiehst. Morgens, bevor dein Frauchen sich anschickt, das Haus zu verlassen, öffnet es die Spiegeltür und enthüllt eine Vielzahl von Dingen, die du um dein Leben gern näher untersuchen würdest. Leider lässt man dich nicht und setzt dich bei jedem Versuch zurück auf den Boden. Arzneimittel scheinen es nicht zu sein, die in diesem »Medizinschränkchen« verborgen sind. Was also ist das große Geheimnis?

Was steckt dahinter?

Achte darauf, wie dein Frauchen aussieht, wenn es morgens aufsteht oder den Tag
damit verbringt, im Pyjama
herumzusitzen und Filme im
Fernsehen anzuschauen. Ver-
gleiche dieses Bild mit seiner

Erscheinung, wenn es das Haus verlässt: Seine Augen wirken größer, seine Wimpern gleichen Schnurrhaaren, und
seine Wangen sehen aus, als würde es tatsächlich manchmal in der Sonne liegen, anstatt immer nur vor seinem
Computer zu sitzen. Dein Frauchen kramt jeden Morgen
so lange im Spiegelschrank herum, weil es darin seine Verkleidung aufbewahrt. Warum, fragst du dich, benötigt jemand eine Verkleidung? Ich vermute, dein Frauchen ist
eine Gesetzesbrecherin auf der Flucht vor der Polizei. Das
macht dich zu seinem Komplizen. Wie aufregend!

UNTER DER DECKE

Wann immer dein Mensch das Bett macht, scheucht er
dich herunter, anstatt dir zu erlauben, dich darauf auszu-
strecken und mit der Bettdecke zugedeckt zu werden. Die
seltenen Gelegenheiten, bei denen es einer Katze gelungen ist, sich zu einem Menschen ins Bett zu schleichen,
erbrachten keine tieferen Erkenntnisse – außer dem angenehmen Gefühl einer rundum spürbaren Wärme. Was
wiederum nicht bedeuten muss, dass sich nichts im Bett

befindet, nachdem dein Mensch es verlassen hat. Könnte etwas Gefährliches unter der Decke auf uns warten? Nun denn, Katzen leben für die Gefahr, und es liegt an uns herauszufinden, was jenseits der Decke lauert.

Was steckt dahinter?

Es geht weniger darum, was sich auf unserer Seite der Decke befindet, als herauszufinden, wer oder was sich auf der anderen Seite aufhält. Die meisten Katzen stimmen darin überein, dass ein Monster jenseits der Bettdecke lauert, sobald man es sich darunter bequem gemacht hat. Lasse daher immer äußerste Vorsicht walten. Liege vollkommen regungslos. Bewegt sich etwas auf der anderen Seite, dann stürze dich darauf! Besser gesagt, stürze dich so effektiv darauf, wie die Bettdecke es erlaubt. Winde dich anschließend ins Freie und verschaffe dir einen Überblick. Ist kein Monster in Sicht, dann hast du es offensichtlich verscheucht. Gut gemacht!

ANMERKUNG: Manchmal, wenn du auf der Bettdecke liegst, bewegt sich etwas darunter. Auch das könnte ein Monster sein, das eine potentielle Gefahr für deinen friedlich schlafenden Menschen darstellt. Greif es gnadenlos an!

DIE WERKZEUGKISTE

So viele Formen und Farben dieser Gegenstand auch an-
nehmen mag, am Deckel der Kiste befindet sich immer
ein Griff, und wenn man sie bewegt, macht dies jede
Menge Lärm. Wie kann eine einfache Kiste nur so laut
sein? Und warum wird sie dir immer vor der Nase zugeschlagen, wenn du einen Blick hineinwerfen möchtest?
Wie ungerecht!

Was steckt dahinter?

Bei diesen Kisten handelt es sich in Wahrheit um Minia-
tur-Orchestergräben für Straßenmusiker. Die meiste Zeit
schlafen die Musiker darin, daher herrscht in der Regel
Stille. Sobald die Kiste hochgehoben wird, wacht das Or-
chester auf und beginnt, die Instrumente zu stimmen. Da
sich diese Musiker keine guten Instrumente leisten können, klimpern sie auf all dem Schrott herum, der in die
Kiste geworfen wird. Wäre uns doch nur der Zutritt dazu
gewährt, so könnten wir sie einige der großartigen alten
Katzennummern lehren, die unser Mütter zu singen pfleg-
ten. Also, lasst uns da endlich hinein – sofort!

DIE ABSTELLKAMMER

Diese Tür gleicht jeder anderen Tür im Haus – es gibt nur einen Unterschied: Sie ist fast immer verschlossen. Hin und wieder öffnet dein Frauchen diese Tür, sehr plötzlich und nur kurz, sodass du kaum Zeit hast, auch nur hinein-zuspähen. Da sind dieses Rascheln und die Dunkelheit. Diese wecken jedoch weniger Angst als vielmehr unstill-bare Neugier.

Was steckt dahinter?

Nachdem ich Geister, Affen, Heißluftballons, Massenmör-der und Roboterhunde ausschließen konnte, bleibt nur

eine Alternative: Diese Tür führt in eine Art Paralleluni-
versum, wo alle Katzenträume erfüllt werden. Leckerlis
wachsen dort auf Bäumen, deren Stämme aus Schweine-
filet bestehen. Überall gibt es Fenster, durch die unablässig die Sonne scheint. Schmetterlinge taumeln vorüber
und lassen sich bereitwillig von Blüte zu Blüte jagen. Der
Boden weist genau die richtige Nachgiebigkeit und Temperatur auf, um sich jederzeit zu einem Nickerchen zusammenzurollen. Es ist daher absolut zwingend, sich Zugang zu diesem Ort zu verschaffen. Ruf mich, wenn es dir
gelungen ist, und halte für mich die Tür auf.

Natürlich räume ich ebenso unumwunden ein, dass
diese Hypothese nicht den Tatsachen entspricht und es
sich bei der Abstellkammer lediglich um einen Raum handelt, in dem Besen gelagert werden. Wie dem auch sei, er
ist auf jeden Fall höchst interessant und du musst mir darüber unbedingt Bericht erstatten!

Jagdfieber

Vögel, Mäuse und Insekten, so viel weißt du jetzt, eignen sich hervorragend als Geschenk. Sollte dir jedoch die Zeit fehlen, die Ungezieferabteilung im Kaufhaus deines Vertrauens aufzusuchen, so bleibt dir immer noch die Möglichkeit, im und ums Haus herum deine Beute selber zu erlegen. Jagd hat viel mit Tradition zu tun. Es geht um Respekt vor dem Beutetier, dem man einen fairen Kampf einräumt. Und es geht um Stolz, den du empfindest, wenn du all dein tödliches Geschick einsetzt, das dir die Katzengottheiten verliehen haben. Mit deinen rasiermesserscharfen Zähnen, deiner explosionsartigen Geschwindigkeit und deiner verstohlenen Angriffskunst bist du deine eigene perfekte Waffe.

Geht es um die Beute an sich, ist die Auswahl nahezu überwältigend. Aber jedes Tier bedarf einer anderen Jagdmethode. Als Anfänger sollten dir die folgenden Jagdziele den Einstieg ermöglichen. Waidmannsheil!

Spinnen: Mit der Jagd auf wildlebende Kreaturen kommen wir Katzen unserer Verantwortung für das natürliche Gleichgewicht nach. Spinnen bringen dieses Gleichgewicht durcheinander, da sie es auf dieselbe Beute abgesehen haben wie wir und somit die Populationen zu unseren Ungunsten dezimieren. Aus diesem Grund ist es wichtig, diese Rivalen dauerhaft vom Spiel auszuschließen, damit unsere Beute in spe nicht vorzeitig in ihren klebrigen Netzen endet. Imitiere aber bloß nicht ihren Jagdstil! Deine Exkremente bilden bei weitem keine so guten Netze wie das Zeug, das hinten aus einer Spinne kommt. Deine Stärke liegt in der Bodenjagd. Schau dich in den Ecken um, dort landen sie meistens, nachdem sie sich an ihren unsichtbaren Bungee-Seilen heruntergelassen haben. Ziele auf den Körper, bevor du zuschlägst. Zu viele hervorragende Jagdgenossen haben sich in der Vergangenheit ein Spinnenbein geschnappt, nur um das Krabbeltier auf seinen verbliebenen sieben davonlaufen zu sehen.

Hummeln: Die Jagdsaison für Hummeln wird im Mai eröffnet und dauert bis August. Im und am Rand der Blumenbeete solltest du mehrere gute Jagdsitze finden. Sei dir gewiss, dass du dich auf keiner ungefährlichen Pirsch befindest. Aber gerade das macht einen Teil des Reizes aus, denn sich in den Nahkampf mit einem dolchbewehrten Gegner zu begeben ist selbst für den geübtesten Jäger

eine besondere Herausforderung. Wenn dir etwas Schmutz nichts ausmacht, so überlege, ob du nicht einen verdeckten Jagdsitz zum Auflauern beziehst. Grabe dich einfach neben ein paar Sonnenblumen ein. Lässt sich eine Hummel zum Bestäuben nieder, explodiere förmlich aus der Erde und mach den dicken Brummer platt!

Fruchtfliegen: Fruchtfliegen sind einfach zu erlegen, und sie zu jagen ist oft zum Brüllen komisch. Da sie klein, harmlos und nicht sonderlich intelligent sind, bilden sie die ideale Einstiegsbeute für kleine Kätzchen. Um einen ganzen Schwarm dieser kleinen Schwirrer anzulocken, bedarf es lediglich eines unappetitlich weichen Bananenköders. Schlag aber nicht gleich zu, wenn die ersten von ihnen auftauchen. Zieh dich stattdessen auf eine höher gelegene Position zurück, sagen wir mal auf das Gewürzregal, und warte. Faustregel ist, sich in Geduld zu üben, bis etwa 15 bis 400 Stück auf dem Köder gelandet sind. Dann stürzt du dich mitten unter sie und erlegst so viele wie möglich. Rege dich aber nicht übermäßig auf über die, die entkommen. Die Überlebenden brüten schließlich einen weiteren Schwarm aus, auf den du dich stürzen kannst.

Mäuse: Entgegen aller Gerüchte sind Mäuse nur selten blind. Daher musst du die gerissenen Biester austricksen, indem du sie in Sicherheit wiegst, damit sie hinter den Wänden hervorkommen. Um einen kapitalen Achtender*

---

* *Katzen zählen die Barthaare pro Seite, nicht Schwänze oder Geweihenden. (Anm. d. Ü.)*

*Mauser – Der Größte
Nagetierjäger der Welt*

zu erlegen, musst du in einer Ecke des Raumes Stellung beziehen und dich mucksmäuschenstill verhalten. Kein Blinzeln, kein Schwanzwedeln, kein Schnurrhaarzucken! Werde eins mit deiner Umgebung, nicht mehr als eine Falte im Teppich. Wenn eine Maus hervorkommt, wartest du so lange, bis sie sich von der Wand entfernt hat, und versetzt ihr dann den tödlichen Schlag. Es gibt viele Angriffstechniken, um eine Maus zur Strecke zu bringen. Mauser, der Weltrekordhalter mit 28 999 erlegten Nagern, bevorzugt es, die Maus am Boden zu halten und draufzuhauen. Wieder und wieder und wieder und wieder!

Ameisen: Genau wie Fruchtfliegen neigen auch Ameisen dazu, sich um Essbares zu sammeln. Der wesentliche Unterschied liegt aber darin, dass diese Biester an deinem Futter interessiert sind und sogar die irre Kraft besitzen, es wegzuschleppen. Vergiss alle Jagdmoral und vernichte die gesamte Schwadron! Scheue nicht vor der Zahl der Toten zurück. Entweder sie oder dein Fressen! Du musst dich entscheiden, Mieze. Und solltest du feststellen, dass eine von ihnen einen verwundeten Kameraden versucht abzutransportieren, zeige keine Gnade. Dies ist ein Kampf um deine Lebensgrundlage!

Vögel: Die Vogeljagd ist wahrscheinlich die Königsdisziplin. Nichts kommt der Genugtuung nahe, einer fliegenden Kreatur zu zeigen, dass Katzen als Bodenbewohner auch den Luftraum kontrollieren. Ein vogelfreier Hinterhof besitzt zudem viele Vorteile: Nicht nur, dass dein Mensch nie wieder Geld für Vogelhäuser und -futter verschwendet –

Geld, das rechtmäßig in deinen Futteretat gehört! –, auch dein Schlaf wird nicht länger durch unerträgliches Gezwitscher unterbrochen. Verlasse dich dabei ganz auf deinen natürlichen Federradar. Beginnen deine Zähne zu mahlen, so ist ein Vogel in deiner Nähe. Entweder erklimmst du blitzschnell einen Baum und holst den Vogel direkt aus dem Nest oder du stellst ihm am Fenster eine Falle. Streue ein paar Körner auf die Fensterbank und öffne das Fenster so weit, dass der Vogel glaubt, das kostenlose Buffet sei eröffnet. Kommt er angeflogen, schlage ihm das Fenster vor dem Schnabel zu und wappne dich für eine gehörige Bruchlandung.

Das Große Grüne Heupferd: Die Seltenheit des Großen Grünen Heupferds macht es für jeden Kleintierjäger zur begehrten Trophäe. Außerdem erzeugt es einen Höllen-lärm – es zu erledigen ist die einzige Möglichkeit, es zum Schweigen zu bringen. Zeige dich gegenüber dem Großen Grünen Heupferd jedoch respektvoll und überjage es nicht, damit auch das Jagdvergnügen zukünftiger Gene-rationen gesichert ist. Solltest du jemals die Gelegenheit erhalten, einen dieser Leckerbissen erlegen zu dürfen, empfehle ich dir, ihn direkt nach dem finalen Biss zu ver-speisen. Sobald die köstlichen Säfte des Heupferds aus ihm herausrinnen, weißt du instinktiv, warum einige Jä-ger ihr Leben damit verbringen, diesem Springtier nach-zustellen.

Das Katzenklo – Fragen und Antworten

Von dem Moment an, da du die Kiste das erste Mal gesehen hast, war dir ihr Gebrauch unmissverständlich klar. Du bist hineingesprungen, hast dein Geschäft erledigt und das Resultat vergraben.

Aber warum? Woher weißt du, wo du deinen natürlichen Bedürfnissen nachgehen sollst? Hier findest du die Antwort auf diese und andere Fragen.

F: Woher kommt die Katzenstreu?

A: Diese Frage ist einfach zu beantworten. Sie kommt von einem Ort wie diesem hier:

F: Woraus besteht sie?

A: Die Zusammensetzung kann ganz unterschiedlich sein und reicht von einfachen Tonmineralien bei herkömmlicher Katzenstreu über gepresste Holzabfälle und hoch absorbierenden Zellstoff bis hin zu Kalzium-Bentonit mit Beimischungen von Quarz und Kieselgur für Klumpstreu.

F: Warum vergrabe ich mein Geschäft darin?

A: Das ist instinktbedingt und geht zurück auf unsere wilden Vorfahren, die sich noch große Sorgen um eventuelle Angreifer machen mussten. Sie liefen unablässig Gefahr, angegriffen zu werden. Daher waren sie sehr darum bemüht, ihren Aufenthaltsort nicht durch den Geruch ihrer Exkremente zu verraten. Durch das Vergraben ihrer Hinterlassenschaft erhöhten sie die Chance, nicht entdeckt zu werden. Du ahmst dieses Verhalten einfach nur nach und hast sogar noch ein wenig Spaß dabei, wenn du beim Scharren die Körnchen in alle Richtungen verteilst.

F: Warum springe ich manchmal wie gehetzt aus der Kiste und fliehe, sobald ich fertig bin?

A: Auch dieses Verhalten ist ein Urinstinkt. Unsere Vorfahren waren extrem verwundbar, wenn sie ihr Geschäft erledigten, und trödelten daher nicht unnötig herum, um ihren Verfolgern keine Zeit zu lassen. Sie rannten davon, als hinge ihr Leben davon ab – was ja auch der Fall war. Du musst dich nicht mit diesen Sorgen herumschlagen, doch warum in der anrüchigen Kiste sitzen bleiben, wenn es doch woanders spannendere Dinge gibt?

F: Ab wann sollte ich darauf bestehen, dass die Streu gewechselt wird?

A: Das liegt ganz bei dir. Manche Katzen können sich nicht überwinden, ein Katzenklo zu benutzen, dessen Streu nicht täglich gewechselt wird. Trifft dies auch auf dich zu, dann verleihe deinem Protest Ausdruck, indem du einen anderen Ort aufsuchst. Das nimmt dir allerdings die Möglichkeit des Verscharrens und kann deinen Menschen richtig wütend machen. Andere Katzen sind da weniger pingelig und klettern auch auf einen ganzen Berg benutzter Streu. Am Ende kommt es also auf deine Vorlieben an.

F: Welche Katzenstreu riecht am besten?

A: Die mit dem Duft nach Pinien ist unübertroffen.

DAS KATZENKLO – FRAGEN UND ANTWORTEN

F: Warum reagieren Menschen so genervt, wenn man sofort in das blitzsaubere Katzenklo springt?

A: Menschen sind egoistische Kreaturen. Sie spielen gern mit deiner Katzenstreu und erwarten, dass du darauf Rücksicht nimmst und das Katzenklo nicht für seine eigentliche Bestimmung nutzt. Man möchte denken, sie hätten eigentlich Besseres an dafür geeigneteren Orten zu tun als dort, wo du deine Geschäfte verrichtest.

F: Wenn Menschen unsere Exkremente in der Toilette herunterspülen, überlebt der winzige Parasit Toxoplasma gondii dann tatsächlich das Klärwerk und befällt Meeressäuger wie Wale, Delphine, Robben und Otter, die daran sterben?

A: Nicht wirklich unser Problem, aber ja, es stimmt.

F: Gibt es Katzen, die nicht die Kiste verwenden, sondern das stille Örtchen der Menschen?

A: Ja, es gibt Katzen, die sich mit der Zeit daran gewöhnt haben, eine sogenannte Toilette zu benutzen.

F: Sind die noch ganz dicht???

A: Menschen schätzen sie sehr für diese Angewohnheit und halten sie für die nächsthöhere Entwicklungsstufe der Felinen. Trotzdem sind diese Katzen nicht verrückt, sondern Mittel zum Zweck.

F: Ist es in Ordnung, die Katzenstreu überall im Haus zu verteilen?

A: Absolut. Möchtest du den Streuradius gering halten, so mache einfach ein Nickerchen auf dem Bett deines Menschen, nachdem du auf dem Katzenklo warst. Auf diese Weise wird die Streu nicht allzu weiträumig verteilt.

Das Einzige, was ich hier nicht behandelt habe, ist die Frage, was die Menschen mit der benutzten Katzenstreu anstellen, nachdem sie sie in Einkaufstüten gefüllt haben. Nun, das sind ungefähr zwei Millionen Tonnen, also fast 100 000 LKW-Ladungen, die jährlich auf Mülldeponien landen. Dabei ist das völlig unnötig, da es auch biologisch abbaubare Katzenstreu gibt. Die kostet zwar etwas mehr, muss dafür aber nicht so häufig ausgetauscht werden. Erhoffe dir trotzdem keinen raschen Wechsel zur Biostreu – wie wir auch denken Menschen kaum über Abfallentsorgung nach. Es ist eben einfacher, den Kram zu vergraben und prompt zu vergessen.

Schwarze Katzen –
die Vorteile des Aberglaubens

Menschen haben eine sehr eigenartige Eigenschaft: Sie sind abergäubisch. Sie werfen kostbares Salz über die Schulter, vermeiden den kürzeren Weg unter der Leiter hindurch und verfallen in absolute Panik, wenn sie einen Spiegel zerbrechen. Geht es gar um schwarze Katzen, drehen Menschen weltweit komplett durch: Für einige symbolisieren die dunklen Genossen unter uns Glück und Gesundheit, andere wiederum fürchten schwarze Katzen als Boten des Bösen und des Todes – das läßt sich nutzen!

Gehörst du zu den Schwarzfelligen, so schlendere durch die Straßen Indiens, und die Passanten springen eher in eine mit Kobras gefüllte Gasse, als deinen Weg zu kreuzen. Unternimmst du hingegen einen Spaziergang durch die Straßen eines schottischen Dorfes, werden dich die Einwohner wahrscheinlich entführen und als Glücksbringer in ihren Vorgarten setzen.

Dieser ganze Unsinn hält sich schon eine sehr lange Zeit: Eine schwarze Katze in den europäischen Kolonien des 17. Jahrhunderts jenseits des Atlantiks musste ständig um ihr Leben fürchten, insbesondere dann, wenn das eigene Frauchen einen spitzen Hut trug und eine Warze auf der Nase hatte. Auf der hiesigen Seite des Ozeans galt im 19. Jahrhundert ein schwarzes Kätzchen, das auf dem

Fensterbrett eines Pariser Kabaretts vor sich hin döste, als angesagteste Bohemien der Stadt.*

Den Menschen ist einfach nicht klarzumachen, dass eine schwarze Katze sich in keiner Weise von ihren andersfarbigen Artgenossen unterscheidet. Jeder freche Miniaturpanther sollte seine Fellfarbe also getrost nach Kräften ausnutzen.

Spiele Straßenfeger! In vielen westlich geprägten Ländern unterliegen Menschen dem neurotischen Zwang, einer kohlrabenschwarzen Katze unbedingt aus dem Weg zu gehen. Obwohl dieses Verhalten ganz offensichtlich an Schwachsinn grenzt, sollte man sich davon in keiner Weise beleidigt fühlen, sondern lieber lernen, diese Macht über furchtsame Menschen Spaß bringend einzusetzen. Bist du draußen unterwegs, kreuze mit Höchstgeschwindigkeit die Wege aller Menschen, denen du begegnest, sodass sich niemand vor den Kräften deiner schwarzen Magie sicher fühlt.

Wende diese Taktik in Einkaufspassagen an, auf Rummelplätzen, auf stark frequentierten Bürgersteigen oder wo immer du meinst, dass es gerade ein wenig zu voll ist für dein Empfinden. Dieser Trick funktioniert besonders gut zu Halloween, wenn die kleinen Menschen in Kostümen unterwegs sind, um Süßigkeiten zu erbetteln. Abgesehen von dem Vergnügen, den Menschen dabei zuzu-

---

* *Théophile-Alexandre Steinlen malte 1863 »Le Chat Noir«, das Plakat für das gleichnamige Kabarett am Montmartre, in dem zum Entzücken der Gäste auch stets ein schwarzes Kätzchen lebte. (Anm. d. Ü.)*

sehen, wie sie in alle Richtungen davonstieben, ist es obendrein praktisch, sich keine Gedanken über das eigene Kostüm machen zu müssen.

Gönne dir einen Tapetenwechsel. Einige Europäer – insbesondere Bayern, Österreicher und Italiener – gehen davon aus, eine schwarze Katze auf dem Bett bedeute den baldigen Tod desjenigen, der darin schläft. Dieser Glaube ist selbstverständlich vollkommener Blödsinn. Solltest du jedoch davon träumen, einmal mit dem großen, grünen Gymnastikball zu spielen, den die beste Freundin deines Frauchens besitzt, so könnte dein schwarzes Fell der Schlüssel dazu sein. Spring auf das Bett deines Frauchens und starre es eine Weile durchdringend an. Innerhalb kürzester Zeit wird es total ausflippen und beginnen, seine weltlichen Angelegenheiten zu ordnen, was auch beinhaltet, dich seiner Freundin anzuvertrauen. Mach dir aber keine Sorgen über mögliches Heimweh – es sollte nicht allzu lange dauern, bis dein Frauchen merkt, dass mit ihm alles in bester Ordnung ist. Hat es diesen Punkt erreicht,

wirst du mit offenen Armen wieder aufgenommen. Bis dahin hast du mit Sicherheit sowieso bereits ein Loch in den großen, grünen Gymnastikball gekrallt – und der war auch noch das einzig Interessante in der neuen Wohnung.

Mache eine Kreuzfahrt. Unter Seeleuten herrscht seit langem der Glaube, eine schwarze Katze an Bord sorge für ruhige See und günstige Winde. Haben die noch nie etwas von Wettervorhersagen gehört, basierend auf der Beobachtung des Nimbostratus und der Kumulusbewölkung???

Anscheinend nicht, aber solange sie darauf bestehen, schwarze Katzen an Bord als Glücksmeteorologen zu benötigen, solltest du die Chance nutzen und dir eine kostenlose Kreuzfahrt durch die Karibik gönnen. Nach altem Seemannsbrauch musst du, um mit an Bord genommen zu werden, nur einem Matrosen auf den Kais über den Weg laufen. Sollten Piraten das Schiff entern, so bleibe ruhig, niemand wird dich über die Planke schicken. Eine Katze über Bord zu werfen ist ein schweres Seefahrtsvergehen, das schwere Stürme und meterhohe Wellen nach sich zieht.

Werde reich und speise gut! Chinesen sind bezüglich schwarzer Katzen unterschiedlicher Auffassung. Einige von ihnen glauben fest daran, dass sie kommende Armut verheißen. Andere wiederum verstehen sie als Boten bevorstehenden finanziellen Erfolgs. Solltest du im Haus gehalten werden, glaubt dein Mensch mit Sicherheit, du wärst ein Glücksbringer. Nutze diesen Aberglauben zu deinen Gunsten! Nehmen wir an, dein Mensch spekuliert auf den Hang Seng Index an der Börse in Hongkong. Kratze bei der morgendlichen Zeitungslektüre am im Kursteil abgebildeten Wert deines Lieblingsfutterherstellers und miaue. Damit setzt du eine ökonomische Kettenreaktion in Gang: Dein Mensch wird Aktien dieses Unternehmens kaufen, der Wert der Aktien wird in die Höhe schnellen und dein Napf schon bald mit Ente à l'Orange gefüllt sein, dem Porsche des Herstellers.

Sabotiere ein Sportereignis. Nichts ist so frustrierend wie ein Mensch, der sich nicht hundertprozentig auf das Streicheln seiner Katze konzentriert, weil ihn die Sportübertragung im Fernsehen ablenkt. Man kann nicht einmal in Ruhe auf seinem Schoß sitzen, weil er ständig jubelnd oder schreiend aufspringt. Schwarze Katzen können uns in diesem Fall unterstützen, wenn sie sich die einfallsreiche Tat einer ›chat noir‹ beim Baseballspiel zwischen den Chicago Cubs und den New York Mets von 1969 im Shea Stadium zum Vorbild nehmen. Die schwarze Katze war

auf das Spielfeld geflitzt und umkreiste unheilverheißend Ron Santo, den Fänger der Cubs, die auf einen klaren Sieg zuzusteuern schienen. Du wirst es nicht glauben, aber die Cubs verloren nicht nur dieses Spiel, sondern sie büßten auch ihren Tabellenvorsprung auf die Mets ein und lagen am Ende der Saison deutlich hinter ihnen. Katzen im Einzugsgebiet von Chicago erhielten fortan endlich die Aufmerksamkeit, die ihnen gebührte, da ihre Menschen sich nicht länger um Baseball kümmerten.

Regalkegeln

Gegenstände um des sportlichen Vergnügens wegen herunterzuwerfen – besser bekannt als Regalkegeln – ist eine Erfindung, die auf den Maine-Coone-Kater Smokey zurückgeht, der 1835 in Nordirland lebte. Ursprünglich wurde es nur auf einem hölzernen Kaminsims mit einem Hirschgeweih, sechs Blechdosen und zwei Bienenwachskerzen gespielt. Heute erfreut sich der Sport weltweiter Beliebtheit. Manche Koryphäen des Regalkegelns haben während ihrer Laufbahn einige der wertvollsten Besitztümer ihres Menschen zerbrochen und damit Kätzchen auf der ganzen Welt inspiriert, es ihnen gleichzutun. Wie bei jeder anderen großen Sportart entbrennen auch beim Regalkegeln immer wieder Kontroversen. Viele stellten beispielsweise den Erfolg von Sprinkles, dem Champion der 90er Jahre, in Frage, nachdem er einen versteinerten Dinosaurierknochen vom Regal gefegt hatte, der fünfmal so viel wog wie er selbst. Dennoch bleibt Regalkegeln eine der beliebtesten Freizeitaktivitäten unserer Spezies.

Die Punkteverteilung dabei hängt von drei Kriterien ab: Gegenstand, Choreographie und künstlerisches Geschick. Einige Katzen konzentrieren sich darauf, so viele Punkte wie möglich in einem der drei Bereiche zu sammeln, wohingegen andere versuchen, in der gesamten Bandbreite Höchstwertungen zu erzielen. Da jedes Regal anders ist, solltest du dich erst auf eine Punktestrategie festlegen, nachdem du dir sicher bist, auf welcher Art Ablage du spielen wirst.

GEGENSTÄNDE

Die zu erreichenden Punkte in dieser Kategorie errechnen sich aus dem Geldwert des umgeworfenen Gegenstandes. Manche Regalkegler schwören darauf, nur ein paar hochwertige Ausstellungsstücke umzuwerfen, wohingegen andere hoffen, sich durch eine möglichst große Anzahl kleiner und günstigerer Gegenstände hervorzutun. Da die entsprechende Terminologie recht verwirrend sein kann, ist es von Vorteil, sich zunächst mit der Fachsprache vertraut zu machen.

Kracher: ein Objekt, das beim Aufschlag auf den Boden ein lautes Geräusch verursacht. Gegenstandspunkte variieren, bringen aber oftmals hohe Punktzahlen in der Kategorie künstlerisches Geschick ein. Blintz, von 1840 bis 1944 Spieler der amerikanischen Kontinentalliga (die später im Internationalen Regalkegelverband aufging), wurde aufgrund seines besonderen Geschicks im Abkegeln von Kuhglocken, silbernen Teekannen und Keksdosen »Der Absturzkönig« getauft.

Leuchtteile: Menschen stellen diese Objekte auf, die Licht spenden. Im Durchschnitt bringt solch ein Gegenstand zwischen 30 und 50 Punkte. Sollten die Leuchtteile aber

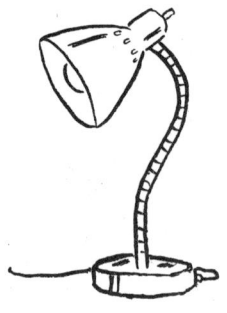

besonders alt sein oder einen zerbrechlichen Schirm besitzen, können die Punkte erheblich in die Höhe schnellen.

Zeitdiebe: Dies sind Objekte, die Menschen entweder lesen, anschauen oder anhören. Obwohl sie als individuelle Gegenstände eher wenig Punkte einbringen (etwa 13,95 bis 23,50), stehen sie doch oft in großen Gruppen auf dem Regal und erzielen durch diese Häufung hohe Wertungen. Isis, die Abbruchbirne des Jahres 2006, ließ die Liga erbeben, als es ihr gelang, die Weltmusiksammlung ihres Menschen mit mehr als 1500 CDs in weniger als drei Minuten vom Regal zu fegen.

Splitterbomben: Solltest du Splitterbomben auf einem Regal finden, biegst du auf die Gewinnerstraße ein. Diese Gegenstände findet man oft in Haushalten von Menschen, die man »Glasfigurensammler« nennt. Die Wertung kann leicht die Zehn- oder sogar die Hunderttausendmarke überschreiten. Weitere Bonuspunkte lassen sich durch einen besonders großen Scherbenradius von mehr als einem Meter erreichen.

CHOREOGRAPHIE

Der Schubser (5 Punkte): Dabei handelt es sich um eine Grundbewegung, ohne die man niemals Regalkegelchampion wird. Katzen, die auf Geschwindigkeit spielen, setzen den Schubser besonders gern ein, weil sich durch ihn in kürzester Zeit eine Menge Objekte vom Regal kegeln lassen.

Der Schubser ist relativ leicht: Bringe eine deiner Vorderpfoten mit dem zu schubsenden Objekt in eine Linie. Schnippe dann mit der Pfote. Diese Bewegung sollte flüssig und natürlich ablaufen. Sie gleicht den Pfotenbewegungen, die deine Träume auslösen.

Der Schubser

Das Täuschungsmanöver (10 Punkte): Dieses Vollkontakt-Täuschungsmanöver kann dir eine Menge Punkte einbringen. Zuerst steigst du über das Objekt hinüber, als würdest du überhaupt kein Interesse daran hegen. Dann, mit einer einzigen flüssigen, schnellen Bewegung schiebst du es unter deinen Körper und stößt dich ab. Gib dem Objekt dabei einen kräftigen Schubs, denn je weiter es fliegt, desto mehr Extrapunkte gibt es. Sobald du diesen Ablauf beherrschst, versuchst du ihn um gymnastische Elemente wie eine senkrechte Drehung zu erweitern.

Die 14-jährige Ligalegende Fussel verdankte ihre auch im Alter hohe Agilität dem regelmäßigen Training des Täuschungsmanövers. Sie täuschte derart geschickt vor, den Gegenstand nicht herunterschubsen zu wollen, dass ihr Mensch sie nie erwischt hat. Das erklärt auch, warum sie nie von einem Regal heruntergejagt wurde.

Die Große Zerreißprobe (14 Punkte): Dieses Manöver besticht durch seine Dramatik. Suche dir ein Objekt, das zwischen deine ausgestreckten Pfoten passt. Ein Kerzenständer aus Kristall oder eine kitschige Porzellanfigur sind ideal. Stell sicher, dass dein Mensch anwesend ist und Zeuge des Manövers wird. Positioniere deine Pfoten zu beiden Seiten des Objektes – nahe genug, um es herunterzubefördern, jedoch ohne es zu berühren. Dann schaue deinem Menschen tief in die Augen und lasse die Spannung steigen, ob du den Gegenstand  tatsächlich in die Tiefe schicken wirst oder nicht. In dem Augenblick, da dein Mensch aufspringt und versucht, dir das Objekt zu entreißen, schubst du es über die Kante. Die russische Meisterin dieser Disziplin, Masha Leveetsana, war für ihre ebenso elegante wie kaltblütige Ausführung dieser Technik bekannt. Einmal führte sie die Große Zerreißprobe sogar mit einem Fabergé-Ei aus der Sammlung Zar Alexanders III. aus.

Der Schiebekeil (20 Punkte): Zierlichere Katzen scheuen vor vollgepackten Regalen zurück. Profis wenden den Schiebekeil an. Du musst unerschrocken sein (andere würden eher sagen verrückt), um diese Technik zu versuchen, aber im Regalkegeln gibt es keine ausgefeiltere Variante. Begib dich ans Ende des Regals, halte dich dicht an der Wand und quetsche dich im Vorbeigehen hinter jeden Gegenstand, sodass einer nach dem anderen hinunterfällt. Hört sich einfach an, nicht wahr? Das sagen alle Katzen, bis sie das erste Mal auf einem Werkzeugregal hinter einem 40-Pfund-Eimer voller Nägel feststecken. Ihr lieben Miezekätzchen, überlasst diese Technik zu eurer eigenen Sicherheit den Profis.

KÜNSTLERISCHES GESCHICK

Punkte in dieser Kategorie werden von Menschen verge-
ben, und zwar in dem Moment, in dem ein Gegenstand
vom Regal fällt. Viele Katzen sind aus nachvollziehbaren
Gründen dagegen, die Meinung von Zweibeinern in die
Wertung einfließen zu lassen, aber jeder gute Wettbewerb
benötigt auch einen Unsicherheitsfaktor, und Regalkegeln
ist dabei keine Ausnahme. Die Wertung des Punktrichters
bemisst sich wie folgt:

| 1–2 Punkte | 3–6 Punkte | 7–9 Punkte | 10 Punkte! |

PUNKTABZUG

Es gibt beim Regalkegeln weder Punktabzug noch »Ver-
lierer«. Wie im Leben geht es nur darum, wie hoch eine
Katze gewinnt.

Die Legende von der verrückten Katzenfrau

Die Legende von der verrückten Katzenfrau wird schon seit Generationen auf Campingausflügen erzählt. Mit der Geschichte über die drohenden Gefahren, in die ein Kätzchen sich begibt, wenn es sich zu weit von zu Hause entfernt und in Häusern herumschnüffelt, in denen es nichts zu suchen hat, schlagen Katzen ihre Jungen am Lagerfeuer seit je in den Bann. Willst auch du für gesträubtes Fell sorgen, hilft es ungemein, wenn du die Geschichte zu deiner eigenen machst. Füge ein paar persönliche Details hinzu und bestehe darauf, dass sie genau so einem Verwandten oder Nachbarn passiert sind. Hast du sie gut erzählt, sind die lieben Kleinen am Ende so richtig verängstigt und jeder letzte, noch so kleine Schockeffekt wird sie entsetzt aufschreien lassen!

Niemand weiß genau, wo sie lebt oder warum sie zur verrückten Katzenfrau wurde. Manche erzählen, sie sei eine ganz normale Frau gewesen, die ihren Verstand erst dann verlor, nachdem man sie um all ihre Ersparnisse betrogen hatte. Andere sagen, sie sei einfach eine einsame alte Dame gewesen, die glaubte, Katzen zu lieben. Tatsächlich liebte sie jedoch nur das Gefühl, von ihren Katzen gebraucht zu werden, die ihr leider nicht verständlich machen konnten, dass sie auch wunderbar ohne die alte

Dame zurechtkämen. Wo auch immer die verrückte Katzenfrau hergekommen sein mag, eines ist sicher: Sie ist verrückt und sie beherbergt eine Menge Katzen.

Auf den ersten Blick klingt das kaum nach einer Gruselgeschichte – und doch ist es noch viel schlimmer, als du es dir vorstellen kannst.

Die verrückte Katzenfrau lebt allein in einem kleinen Landhaus inmitten von Bergen alter Zeitungen und fast einhundert Katzen. Sie verlässt das Haus nur, um Katzenstreu und Futter zu kaufen, und wenn es so weit ist, hüllt sie sich von Kopf bis Fuß in viele Lagen verschiedener Schals, Mäntel und Fäustlinge.

Betrittst du ihr Haus, vielleicht als Teil einer Mutprobe, ist das Erste, das du bemerkst, dieser Geruch. Nur dass es weniger ein Geruch, sondern mehr eine unsichtbare, olfaktorische Macht ist, die dir hart und brutal in die Nase schlägt. Es stinkt, als stünde fast einhundert Katzen nur ein einziges Katzenklo zur Verfügung – und als litten sie alle unter Blasen- und Verdauungsproblemen. Tja, und dieser Eindruck trügt dich nicht einmal, denn einer verrückten Katzenfrau allein kann es gar nicht gelingen, das Katzenklo so oft zu säubern und frisch zu halten, wie du es von zu Hause gewohnt bist.

Hat sich deine Nase an den beißenden Gestank gewöhnt, nimmst du den Geruch der Zeitungen wahr. Normale Menschen würden sie zum Altpapier bringen, bevor sie anfangen zu schimmeln, oder sie zumindest auf dem Dachboden oder in der Garage stapeln. Die verrückte Katzenfrau allerdings liebt Zeitungen genauso sehr, wie sie Katzen liebt, und das Altpapier türmt sich überall im ganzen Haus, gammelt vor sich hin und stinkt und stinkt.

Dein Gehirn war so sehr damit beschäftigt, sich an den Geruch zu gewöhnen, dass dir überhaupt nicht aufgefallen ist, wie wenig du sehen kannst, weil alle Vorhänge fest zugezogen sind. Selbst als sich deine Augen an die Dunkelheit gewöhnt haben, erkennst du nicht einmal vage Umrisse. Alles, was du wahrnimmst, sind schleichende Bewegungen.

Zunächst glaubst du, nur in den Augenwinkeln ein Huschen zu bemerken. Dann wird dir klar, dass es überall ist und um dich herumstreicht. Es sind die Bewegungen von fast einhundert Katzen, die einen Aussichtsplatz suchen, der noch nicht besetzt ist. Es sind die Bewegungen von fast einhundert Katzen, die versuchen, sich an eine andere Katze heranzuschleichen und sie spielerisch anzuspringen, nur um von ihr selbst angesprungen zu werden. Es sind die Bewegungen von fast einhundert Katzen, die schnuppernd und lauernd nach einem Brocken Futter gieren, der vielleicht übersehen wurde, nachdem sie zuvor gezwungen waren, sich mit fast neunundneunzig anderen Katzen um Häppchen in Soße oder ein Körnchen Trockenfutter zu streiten.

Aber es ist nicht nur Futter, wonach all diese Katzen dort lechzen. Sollte sich je ein Mensch ins Haus verirren, wird er sofort von allen Seiten umschwärmt, weil alle Katzen verzweifelt um ein Kraulen buhlen. Denn hier gibt es fast einhundert Katzen, aber nur eine einzige verrückte Katzenfrau mit lediglich zwei Händen, und wenn sie nicht gerade Besuch hat – was selten ist, denn schließlich ist sie ja verrückt –, dann sind alle Katzen im Haus chronisch unterkrault.

Aber du bist kein Mensch. Du bist eine kleine Katze, und das ist ein großer Unterschied. Sie stürmen dir alle entgegen und beschnuppern dich, um in deinem Fell den Geruch von »draußen« zu erhaschen. Sie haben schon lange vergessen, wie es außerhalb des Hauses riecht. Und sie wollen herausfinden, ob und wie sehr sie dich als Konkurrenten um das Futter ernst nehmen müssen, das einfach auf den Boden geschüttet wird. Denn fast einhundert Näpfe sauber zu halten wäre viel zu viel Arbeit.

Und dann hörst du sie. Sie ruft so etwas wie: »Hier, Miez, Miez, Miez!«, oder: »Oh, mullemullemullemulle!« Dein Versuch, dich unter den fast einhundert anderen Katzen unsichtbar zu machen, nützt dir nichts: Sie entdeckt dich sofort und stiert dich an. Sie erkennt am Leuchten deiner Augen, dass du nicht wie die anderen Katzen im Haus bist. Bevor du reagieren kannst, hat sie dich unter den Vorderläufen emporgehoben wie ein menschliches Baby. Du magst dich wehren, aber es gibt kein Entrinnen.

»Oh, du hast ja eine Marke!«, wird sie sagen, und zum ersten Mal bist du froh, dass dich deine Menschen zwingen, dieses Halsband mit dem Adresszylinder zu tragen. Du wähnst dich in Sicherheit, da sie den Regeln der Menschen folgen und die Nummer in dem Zylinder anrufen muss. Du seufzt erleichtert, bis du ihre gichtigen, alten Finger spürst, die sich an deinem Hals zu schaffen machen.

In Sekunden hat sie das Halsband gelöst und es in den Müll geworfen. »Na, das ist doch gleich viel besser«, gurrt sie, aber es ist nicht besser! Noch nie hat sich ein freier

Hals so zugeschnürt angefühlt. »Jetzt bleibst du für immer hier bei mir und meinen Babys. Schau nur, was für prächtige Schnurrhaare du hast. Ich nenne dich Schnurri Nummer zwei.«

Du versuchst ihr klarzumachen, dass das keinen Sinn ergibt, weil alle Katzen Schnurrhaare besitzen, dass Schnurri nicht dein Name ist, du dir ernste Gedanken um den Verbleib von Schnurri Nummer eins machst, dass du kein Baby bist und auch nicht bleiben kannst, weil du in das Haus einer netten, liebevollen, ganz normalen Katzenfrau gehörst, die dich bestimmt schon vermisst. Aber die Alte ist schon wieder ins andere Zimmer gegangen, schaut Seifenopern und schreit den Fernseher an, weil die Werbeblöcke zu lang sind. Und nun beschleicht dich die Angst, dass du für den Rest deines Lebens als einhunderterste Katze im Haus der verrückten Katzenfrau bleiben musst.

Gerade als dir jede Hoffnung abhandenkommen will, klingelt es an der Tür. Du springst auf das Fensterbrett und spitzt durch den Vorhang. Draußen steht ein Mann in gelb-roter Jacke mit einem Paket im Arm. Sein Gesichtsausdruck verrät, dass er weiß, welcher Geruch ihm beim Öffnen der Tür entgegenschlagen wird. Er hält bereits den Atem an. Die verrückte Katzenfrau schlurft zur Tür und scheucht dabei alle Katzen aus dem Weg, aber du versteckst dich hinter einem Schirmständer voller Wurfsendungen.

Als sich die Tür öffnet, ist deine Chance gekommen. Du nimmst all deinen Mut und deine Kraft zusammen und schießt hinaus. Alle sind überrascht, aber es ist zu spät, um dich noch aufzuhalten. Du rennst und rennst, bis du die Entschuldigungen des Postboten nicht mehr hören kannst, und versteckst dich unter einem Busch. Nachdem du Atem geschöpft hast, läufst du nach Hause. Es hat sich noch nie so gut angefühlt, daheim zu sein!

Also haltet euch unbedingt von seltsamen Häusern fern! Und blickt nie, NIEMALS nach Mitternacht in den Spiegel, um dreimal »Verrückte Katzenfrau« zu sagen, denn dann, dann ...

... KOMMT SIE UND HOLT EUCH!

Felinismus

Seit seinen Anfängen im späten 19. Jahrhundert war es das erklärte Ziel des Felinismus, in allen Bereichen des Katzenlebens nach Freiheit und Grundrechten zu streben. Vom Recht auf Krallen bis hin zu gleichberechtigten Freigängen hat der Felinismus die westliche Welt gezwungen, ihre Haltung gegenüber Katzen und die ihnen zugewiesene Stellung innerhalb der Gesellschaft zu überdenken. Felinisten sind Anführer und Meinungsmacher – keine Mitläufer!

Historisch gesehen leitet sich das Wort *Felinismus* von den »grundlegenden Fähigkeiten der felidae« ab. Erst ab 1892, in Anlehnung an den französischen Begriff *féliniste*, wurde es üblich, damit generell die Verfechtung umfassender Rechte für Katzen zu umschreiben. Der Felinismus lässt sich nicht als einheitliche Bewegung definieren, aber die meisten Wissenschaftler stimmen darin überein, dass er im Wesentlichen zwei Hauptströmungen folgt. Die eine ist bemüht, das Augenmerk auf unser Ansehen zu richten und darauf, wie wir behandelt werden sollten. Die andere Richtung versteht sich als Reaktion darauf, wie Katzen tatsächlich behandelt werden. Ihre Vertreter wehren sich gegen die Mythen, die geschaffen wurden, um die Unterdrückung der Katze aufrechtzuerhalten. Das erklärte Ziel aller Felinisten ist es, die Vorstellung, Katzen seien nicht die Krone der Schöpfung, ein für alle Mal aus der Welt zu schaffen.

Einige Theoretiker unterteilen die Entwicklung des Felinismus in drei Stufen oder Wellen.

DIE ERSTE WELLE DES FELINISMUS

Die erste Welle des Felinismus beläuft sich auf den Zeitraum des frühen 20. Jahrhunderts. Damals konzentrierte man sich hauptsächlich darauf, die allgemeine Meinung zu widerlegen, Katzen seien im Vergleich zu anderen Tieren weniger wert. Selbst heutige Studien weisen nach, dass Katzen auch in aktuellen Diskursen des Öfteren immer noch in einem schlechten Licht dargestellt und als hochnäsig, gefühlskalt und mürrisch beschrieben werden.

Die Anhänger der ersten Felinismus-Welle verschrieben sich dem Wandel, und der Fortschritt musste hart erkämpft werden. Prominente Katzen der Bewegung wie Pantalon of Cleveland aus Ohio waren Leitfiguren, die einen Großteil ihres Lebens darauf verwandten, Veränderungen voranzubringen. Viele Stunden verbrachten sie demonstrierend auf dem Schoß, um zu beweisen, dass Katzen zu ebenso großer Zuneigung fähig sind wie jeder andere auch.

Obwohl die Artendiskriminierung immer noch existiert, verdanken wir den Felinisten der ersten Generation, dass Katzen inzwischen beliebter sind als Hunde. Heute gibt es in Deutschland etwa 5,3 Millionen Hunde im »Be-

Pantalon

sitz« von Zweibeinern. Im Vergleich dazu leben rund 7,8 Millionen Katzen mit Menschen zusammen. Du siehst, Katzen erfeuen sich größerer Beliebtheit, woraus man getrost schließen darf, dass sie an sich besser sind. 2,5 Millionen Mal besser.

DIE ZWEITE WELLE DES
FELINISMUS

In den 1960er Jahren erfasste den Felinismus die zweite Welle. Seine Vertreter nahmen damals den Faden dort wieder auf, wo die Verfechter der ersten Welle ihn fallen gelassen hatten. Sie ehrten das bis dahin Erreichte, bemühten sich aber gleichzeitig, Katzen zu vermitteln, dass sie immer noch Teil von Machtstrukturen waren, in denen sie letzten Endes einer sie unterdrückenden Kontrolle unterlagen.

Felinisten-Sofa

Die Felinisten der zweiten Welle verlangten die bedingungslose Anerkennung und Respekt vor ihrem unabhängigen Naturell. Diese Epoche ermutigte Katzen, sich den Folgen ihrer Stereotypisierung zu stellen und endlich den eigenen Wert zu erkennen – dass sie mehr waren als bloße Weggefährten oder, noch schlimmer, reine Schmusetiere.

Katzen begannen, ihre Lebensumstände, die bisher als unantastbar galten, neu zu beurteilen und aktiv mitzugestalten. Die Vorstellung, dass die Katze an sich menschliche Türöffner benötigte, wurde von denen in Frage gestellt, die das Gegenteil bewiesen, indem sie mit einem entsprechenden Sprung oder gezieltem Pfoteneinsatz jede Tür mit Leichtigkeit selbst öffneten – so sie denn den Wunsch danach verspürten. Die zweite Welle des Felinismus strebte danach, Katzen die Augen für ihr Potential und ihre Möglichkeiten zu öffnen, derer sie lange beraubt waren.

Vermehrt auftretender ziviler Ungehorsam prägte diese Phase. Als Antwort auf die willkürliche Diskriminierung, die den Zugang zum Mobiliar im Wohnzimmer verwehrte, gelang es Püppchen, einer Glückskatze aus Berlin, als Erster, ein Sofa komplett vollzuhaaren. Weiterhin weigerte sie sich, auch nur ein Auge in dem erniedrigenden »Katzenbett« zu schließen, das ihr Mensch in einer Ecke aufgestellt hatte. Bundesweit folgten Felinisten Püppchens Beispiel und ließen großzügig ihre Haare auf den Sofas zurück.

DIE DRITTE WELLE DES FELINISMUS

Der dritten Welle des Felinismus gehören all jene an, die ein komplett anderes Leben als ältere Katzengenerationen führen. Dies geht zurück auf ein völlig neues Lebensgefühl. Diese Katzen haben vom Einsatz ihrer Vorgänger profitiert, wurden allerdings in einer hektischen Welt erwachsen, in der es galt, den eigenen Menschen, Schlaf und Spiel zu koordinieren.

Die Felinisten der dritten Welle neigen dazu, die Vorstellungen der Vertreter der zweiten Welle hinsichtlich des idealen Katzenlebens zu hinterfragen. Sie argumentieren, die zweite Welle setze jene herab, die vollkommen glücklich damit sind, in einer Scheune zu schlafen, Kätzchen zu bekommen und Mäuse zu fangen.

Karl der Kerl, ein Tigerkater aus Neustadt in Holstein, ist so ein Felinist der dritten Welle. Er genießt die traditionellen Freuden des Katzenlebens wie das Nickerchen in der Sonne, weiß aber auch weniger konservative Aktivitäten zu schätzen wie den Sprung in eine Badewanne, aus der gerade das Wasser abläuft. Knöcheltief im warmen Wasser stehend, ist es Karl dem Kerl völlig egal, was andere über ihn denken. Er ist zutiefst glücklich, das tun zu können, wonach ihm der Sinn steht, und diesen Zustand wünscht er sich für alle Felinisten. Während sie über den Erfolgen der Vergangenheit schnurren, blicken Felinisten der dritten Welle bereits in die Zukunft und kämpfen weiterhin unverzagt für die absolute Emanzipation der Katze.

Karl der Kerl

Illustrierte Anleitung fürs rechte Nickerchen

Nichts rundet einen gediegenen Tag des Nichtstuns so gut ab wie ein Nickerchen. Ebenso sollte ein Tag der Untätigkeit mit einem Nickerchen beginnen. Ein Nickerchen lockert einen geschäftigen Nachmittag auf, entspannt dich nach einem ereignislosen Abend und lässt dich nach einem hektischen Wochenende voller Mußestunden und diverser Schläfchen zur Ruhe kommen.

Schlafen gehört zweifelsohne zu unseren Lieblingsaktivitäten. Junge wie Alte genießen es, und es ist unwahrscheinlich, dass Schlafen in näherer Zukunft aus der Mode kommen wird. Umfragen ergaben, dass sich gerade in der Altersgruppe zwischen 18 und 34 Monaten das Nickerchen noch nie größerer Beliebtheit erfreut hat.

Menschen machen sich gern über unsere Vorliebe für einen sanften Schlummer lustig. Dabei ist es eine Tatsache, dass das deutlich leistungsfähigere Katzenhirn eine längere Erholungsphase benötigt als sein menschliches Gegenstück. Bei näherer Betrachtung ist es offensichtlich, dass sich Zweibeiner nicht genug Schlaf gönnen. Ihr Gleichgewichtssinn ist unterentwickelt, sie laufen im Dunkeln gegen Gegenstände und ihre armseligen Sprungfähigkeiten sind keinen Cent wert.

Obendrein glauben Menschen, dass jeder Schlaf gleich ist. Katzen wissen, dass sich die Realität wesentlich komplexer gestaltet. Schlaf tritt in mehr als Hundert verschiedenen Varianten auf, die alle ihren rechten Ort und Zeitpunkt suchen. Würdest du jemals in einem Kleiderschrank nur lau vor dich hin dösen? Natürlich nicht, denn das ist der Ort, an dem man seine Augenlider entspannt. Und wer würde schon nach einem schnellen Häppchen selig schlummern wollen? Du ganz bestimmt nicht! Schließlich ist dies die perfekte Zeit für den Großen Schnarchmarathon. Es folgt eine Auswahl meiner beliebtesten Schlafstile, die dir helfen soll, den jeweils richtigen zu finden.

Schlummer: Die drei bis vier Nachmittagsstunden zwischen Mittag- und Abendessen sind die ideale Zeit für einen Schlummer. Der Schlummer ist der unbestreitbare König unter den Nickerchen und wird am besten auf dem mit einer Decke bedeckten Schoß eines Menschen genossen. Noch besser ist es, wenn dein Mensch dabei ebenfalls schlummert.

Schlummern

Der Schlummer ist zudem der unangefochtene Favorit jeder Partymieze, die am liebsten den ganzen Tag spielt und in der Nacht abfeiert. Erfrischt nach einem Schlummer bist du bereit für die nächste Mahlzeit und heiß darauf, etwas plattzumachen. Vieles plattzumachen.

Dösen: Solltest du es jemals ei-
lig haben, ein Nickerchen zu
machen, aber nicht genug Zeit
für einen Schlummer finden,
dann könnte deine Wahl wohl-
möglich auf das Dösen fallen.

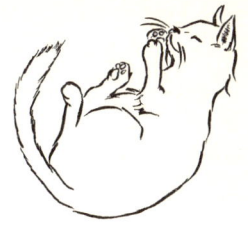

Dösen

Wegdösen ist zu jeder Ta-
geszeit zutiefst entspannend,
ganz besonders aber bei Nach-
richtensendungen, politischen
Debatten oder Soaps. Das klassische Dösen vereinigt
kurze Phasen des Tiefschlafs, unterbrochen von einem
gelegentlichen Miau, um sich deines Menschen oder felinen Mitbewohners zu vergewissern. Sollte sich dabei
etwas Interessantes ergeben, kannst du jederzeit aufstehen und der Sache nachgehen. Die meisten Katzen sind
der Auffassung, das Dösen ließe sich beliebig oft unter-
brechen, ohne dessen Qualität zu mindern. Manche Katzen allerdings empfinden bereits drei Unterbrechungen
als zu viel. Sollte es dazu kommen, dann steh einfach auf
und nasch ein wenig, bevor du eine andere Schlafvariante
ausprobierst.

Ausruhen: Ausruhen ist ein wundervolles Einstiegsnicker-
chen und der perfekte Auftakt für ein anschließendes
Dösen.

Im Idealfall ruhst du dich am Abend auf dem Bett aus,
während dein Mensch einen kitschigen Liebesroman verschlingt oder komplett von der neuesten Folge von

Ausruhen

Dr. House gefesselt ist. Wahres Ausruhen umfasst durchdringendes Schnurren, intensives Kuscheln und mindestens vier vollständige Positionswechsel auf dem Kopf, dem Gesicht, der Brust und dem Bauch deines Menschen.

Der Große Schnarchmarathon: Der Große Schnarchmarathon ist ein großartiges Stärkungsmittel und die perfekte Methode, um die überarbeiteten Pfoten auszuruhen, nachdem sie zuletzt den handgestrickten Schal aufribbelten. Suche dazu den sonnigen Fleck auf dem Sofa auf oder mache es dir auf dem warmen Fernseher bequem. Natürlich sollte Schnarchen Bestandteil dieser 15- bis 20-minütigen Ruhephase sein. Dies ist die am häufigsten fotografierte Schlafposition.

Der Große Schnarchmarathon

Ratzen: Eine Wohltat für alle erschöpften Schlummermuskeln und der absolute Klassiker unter den Nickerchen. Man kann überall und immer genau so lange ratzen, wie einem der Sinn danach steht. Lass dich einfach dort fallen, wo du gerade stehst, und schlafe ein. Am besten ratzt du dort, wo es ungelegen ist. Zerfließe auf jemandes Schoß, der gerade dringend auf die Toilette muss, oder mache es dir kurz vor Abgabetermin auf der Steuererklärung bequem.

Ratzen

Siesta: Katzen, denen es ein wenig zu viel Spaß bereitet hat, die ganze Nacht hindurch die Treppe rauf- und runterzurennen, wählen oftmals die erholsame Siesta, um wieder zu Kräften zu kommen. Sie ist das feierliche Nickerchen der mexikanischen Gatitos und wird seit Jahrhunderten in Ehren gehalten. Zudem gibt es wohl keine bessere Art, buenas noches zu wünschen.

Siesta

Augen entspannen

Augen entspannen: Seit den napoleonischen Kriegen entspannen Armeekatzen kurz ihre Augen. Es wird gemunkelt, Wellingtons Katze habe diese Technik perfektioniert, während sie nach den Preußen Ausschau hielt. Heute macht es keinen Unterschied, ob du deine Augen auf einem Flugzeugträger oder im Katzenkorb entspannst. Du kannst, wann immer du möchtest, deine Augen für einen Moment schließen. Lasse keinen Augenblick aus, der sich dafür anbietet.

Katzen von historischer Bedeutung
— Teil 2

ISSAC NEWTONS KATZEN

Zwischen seinen bahnbrechenden astronomischen Beob-
achtungen, der Entdeckung der Schwerkraft und der Ab-
handlung über die Lichtbrechung vergeudete Sir Isaac
Newton die Zeit ziemlich vieler Menschen. Es wird sogar
angezweifelt, dass die Katzenklappe – die einzig wirklich
nützliche seiner Erfindungen – von ihm stammt. Charles
R. Gibson schreibt in seinem Buch über berühmte For-
scher: »Es ist schwer vorstellbar, Newton habe sich je um
einen Hund oder eine Katze gekümmert, achtete er doch
kaum auf sich selbst.«

Aus meiner Sicht hatte Gibson zumindest teilweise
Recht. Nach Durchsicht der historischen Dokumente
komme ich zu folgender Theorie: Newton beherbergte
Katzen, wie die Katzenklappen in seinem Haus beweisen.
Allerdings ist es undenkbar, dass ein Wirrkopf wie er sich
angemessen um sie gekümmert hat. Die logische Schluss-
folgerung lautet also, dass es Newtons Katzen waren und
nicht er, die die Katzenklappe erfunden haben. Immerhin
ermöglichte ihnen diese Vorrichtung, jederzeit die freie
Natur zu genießen, ohne sich dabei auf ihr sogenanntes
menschliches »Genie« verlassen zu müssen.

Übrigens glaube ich herausgefunden zu haben, wie es

zu dieser wichtigen Erfindung gekommen ist: Eines schönen englischen Sommernachmittags im späten 17. Jahrhundert war Newton mit der einen oder anderen Theorie beschäftigt, für die sich nur abgedrehte Physikstudenten interessieren, als seine Katze mit ihren Jungen ihn darüber in Kenntnis setzte, dass sie ein Sonnenbad zu nehmen wünschten und er schnell die Tür zu öffnen habe. Der geistesabwesende Professor jedoch ignorierte gedankenversunken das Drängen der Katzen, die daraufhin ihren eigenen wachen Geist anstrengen mussten, um das Problem zu lösen.

Und so suchten sie sofort nach ihrem Eukattischen Mathematikbuch, schlugen es auf, studierten es 19 Sekunden lang, wurden von einem Krabbelkäfer abgelenkt, schleckten einander ab und zerfetzten ein Dokument mit dem Titel »Traktat über die Entdeckung der menschlichen Flugfähigkeit«. Dann, nach einem kurzen Nickerchen, schrieben sie folgende bahnbrechende Formel auf:

$$039.335\gamma \sum Nx \pm \sqrt{(3\pi+H)} \, / \, \|(3\lambda+B)\|$$

Vereinfacht ausgedrückt, beschreibt diese Formel, wie eine rechteckige Öffnung, die in Höhe und Breite das Volumen einer Katze um ungefähr drei Zentimeter überschreitet, jeder Mieze die perfekte Fluchtmöglichkeit ins Freie bietet. Newtons Katzen postulierten, dass eine am oberen Ende der Tür angebrachte Klappe sowohl unwillkommene Nässe als auch dumme Eichhörnchen vom Eindringen abhalten würde.

Newtons Katzen zogen zunächst in Erwägung, die

Katzenklappe selbst anzubringen, erinnerten sich dann aber an die Pflicht jedes Physikers, stets den Weg des geringsten Widerstands zu wählen. In diesem Fall bedeutete es, Newton an der Formel teilhaben zu lassen, damit er ihnen die Klappe bauen konnte. Nachdem er die Formel studiert hatte, schritt Newton umgehend zur Tat, sägte für die Katze ein Loch in die Tür und gleich danach auch noch ein kleineres für ihre Jungen. Anschließend, mit Hilfe weniger Abweichungen – Übertrag der 3, Austausch einer Variablen und dem kompletten Umstellen der einzelnen Faktoren –, entwickelte er daraus die Verallgemeinerung des binomischen Theorems.

GIN-GIN
DIE EROBERIN DES
SEATTLE-KRATZBAUMS

Im Jahr 2000 bliesen die Bewohner Seattles Trübsal: Grunge-Musik war tot, die ganze Welt hatte mittlerweile ihre Kaffeekultur in Form eines Franchise-Unternehmens übernommen und die große Dot-com-Blase war geplatzt. Den Katzen im Nordwesten der USA war klar, dass nur ein hammermäßiger Triumph die Leute ihre Trübsal vergessen lassen würde, und sei es nur für einen Augenblick. Nach kurzem Brainstorming entschied man, dass nichts so sehr die Moral der Stadt heben würde, wie der Anblick einer wagemutigen Katze, die den gigantischen Kratzbaum auf der Spitze der Seattle Space Needle erreicht hat. Der Turm erhebt sich 184,40 Meter hoch über die als Smaragdstadt bekannte City und verlockt seit der Weltausstellung 1962 immer wieder furchtlose Kletterer dazu, von der Erklimmung seiner schwindelnden Höhe zu träumen. Doch welche Katze wäre verrückt genug, das tatsächlich zu versuchen?

Gin-Gin, eine Burmakatze aus dem Vorort Bothell, nahm die Herausforderung an. Monatelang trainierte sie und flitzte mehrmals täglich verschiedene Fichten und Telefonmasten rauf und runter. Viele sicherheitsbewusste Fans drängten sie, nicht auf Vorsichtsmaßnahmen wie Klettergurt, Helm oder Seil zu verzichten. Doch Gin-Gin wusste, dass ihre Leistung nur dann ein echter Triumph wäre, wenn ihr die Mission als Freeclimber gelang.

In den frühen Morgenstunden des 4. Oktober 2000 machte sie sich an ihren schicksalhaften Aufstieg. Doch noch bevor sie ihr erstes Basiscamp erreichte, testete das Schicksal bereits ihre Entschlossenheit. Sie umklammerte gerade die 18. Außenniete, als eine Gruppe nach Patschouli duftender Teenager sich zu einem Footbag-Kreis zusammenfand. Gin-Gin wurde mehrere Male von dem regenbogenfarbenen Stoffsäckchen getroffen, bis sie endlich die untere Sperrmauer überwunden hatte und die schlaffhaarigen Gören hinter sich ließ. Von da an verlief ihr Aufstieg problemlos. Das Wetter zeigte sich gnädig, und Gin-Gin konnte in 70 Meter Höhe eine Pause einlegen, um ein paar Putenfleischbrocken zu fressen, die sie morgens als Proviant zwischen ihre Krallen geklemmt hatte.

Ab 130 Meter Höhe allerdings änderten sich die Umstände dramatisch. In ihrer Planung hatte Gin-Gin die verführerischen Gerüche nicht bedacht, die aus der Küche von Sky-City strömten. Das einem UFO ähnelnde Aussichtsrestaurant der Space Needle befand sich direkt zwischen ihr und dem Kratzbaum auf der Spitze, und es schien, als würde sich Gin-Gins Planungsnachlässigkeit bitterlich rächen.

Das köstliche Aroma des besten Räucherlachses der Pazifikküste drang in ihre Nase und ließ Gin-Gin ernsthaft überlegen, ihren Traum vom Schubbern am höchsten

Kratzbaum weit und breit aufzugeben. Durch die Fenster der Aussichtsplattform sah sie die schmackhaft glasierten Fischfilets auf den Tellern – zartrosafarbene Delikatessen, die nach Gin-Gin riefen, um sie von ihrem triumphalen Ziel abzubringen. Doch Gin-Gin war seit ihrer Geburt eine furchtlose, einfallsreiche Miezekatze und in ihrer Brust schlug das Herz eines Pioniers. Sie widerstand den Düften und entdeckte an der Südseite des Restaurants eine Gruppe von Gebäudereinigern. Lautlos schlich sie sich zu ihnen hinüber, schnappte sich einen Karabiner aus dem Arbeitskorb und klemmte ihn sich auf die Nase.

Ohne den berauschenden Duft des Fischs vermochte es Gin-Gin, sich wieder auf ihr Ziel zu konzentrieren, und machte sich trotz aller Widrigkeiten an den letzten Teil des Aufstiegs.

Der Wind frischte auf, die Luft wurde dünner, aber nichts konnte Gin-Gin jetzt noch aufhalten. Als die Sonne langsam im Pazifik versank, erreichte sie endlich den obersten Punkt der Space Needle. Mit stolzgeschwellter Brust schlug sie ihre Krallen in den gigantischen Kratzbaum und bezeugte damit ihren heldenhaften Triumph für die Katzen und Menschen Seattles gleichermaßen.

Katzenminze

Das folgende Kapitel könnte verstörend wirken, vor allem für die jüngeren Katzen unter den Lesern. Aber die Fakten, die ich darin aufführe, verdeutlichen, welche große Gefahr der botanische Feind Katzenminze für uns alle darstellt. Der Geruch mag angenehm, sogar verlockend sein, aber sei gewarnt: Wenn du tatsächlich glaubst, der Genuss dieser Pflanze würde nicht in Heulen und Zähneklappern enden, dann irrst du gewaltig! Die Geißel der Katzenminze führt auf ihrem Rosenweg geradewegs in die Hölle. Sieh dich vor, sonst wankst auch du schon bald diesen Pfad berauscht hinab.

 Katzenminze-Dealer sind durchtrieben. Oft ist es jemand, den man kennt. Du sitzt da und kümmerst dich um deinen eigenen Kram und sie kommen plötzlich mit einem kleinen Beutel an, den sie von ihrer »Verbindung« aus der Zoohandlung haben. Manchmal bauen sie es sogar selbst im Garten an und scheren sich keinen Deut darum, dass dieses Gift überall auf der Welt Leben zerstört. Sie sehen nur, dass Katzen »drollig« auf die Minze reagieren. Ihnen ist es egal, dass bereits der erste Kontakt damit süchtig macht. Dein Dealer will nur eins: dich an den »tollen Stoff« binden, damit er seinen perversen Spaß daraus ziehen kann.

Sicher, Katzenminze riecht gut, wenn man daran schnuppert, und sie schmeckt toll, wenn man darauf herumkaut. Zumindest für eine Weile. Und dann hast du plötzlich das unkontrollierbare Bedürfnis, wie in Trance herumzurollen. Bevor du dich versiehst, liegst du auf dem Boden, wälzt dich in der Katzenminze und verteilst sie in deinem wohlgepflegten Fell.

Nichts scheint mehr wichtig zu sein. Zeit und Raum dehnen sich aus. Deine Pfoten sind plötzlich richtig spannend und du bemerkst zum ersten Mal, wie flauschig dein Fell ist. Musik, die du vorher niemals mochtest, lässt dich auf einmal »voll abgehen«. Du versuchst aufzustehen, aber das ist viel schwerer, als du es in Erinnerung hast. Du entscheidest dich, lieber liegen zu bleiben und noch eine Weile länger herumzurollen.

Danach geht es erst richtig bergab. Das Gefühl der Euphorie schwindet und weicht blanker Paranoia. Jeder ist hinter dir her, sogar dein Lieblingsspielzeug. Dein Interesse an Futter und Streicheleinheiten schwindet zunehmend. Du versuchst dich an deinen üblichen Lieblingsplätzen zu verstecken, musst aber feststellen, dass es vor deinen eigenen Gedanken kein Entrinnen gibt. Erst nach ein paar Stunden, in denen dieser Alptraum ewig zu währen scheint, lässt die Wirkung allmählich nach. Du denkst, alles wäre wieder normal, und du schwörst dir, es nie wieder zu tun. Niemals!

Doch dann erwacht das Verlangen. Du hast Geschichten über süchtige Katzen gehört, aber das hat nichts mit dir zu tun. Du möchtest diese süße, süße Minze nur noch ein einziges Mal kosten. Du kannst jederzeit aufhören. Aber dann taucht dein Dealer auf, streut Katzenminze auf deinen Kratzbaum und du verlierst sofort die Kontrolle. Du schwörst dir, dies sei definitiv das letzte Mal und dass du keine von »diesen Katzen« wirst. Tage vergehen, sogar Wochen, und bevor du dich versiehst, ist die Katzenminze aufgebraucht und dein Mensch will einfach nicht begreifen, dass er unbedingt zum Zoogeschäft gehen und mehr kaufen muss. UND ZWAR JETZT SOFORT!

Nichts ist mehr wichtig außer deiner nächsten Dosis. Das ist alles, woran du noch denken kannst. Du kriechst über den Teppich, um dich zu vergewissern, kein Blättchen übersehen zu haben. Du durchwühlst deinen Futternapf, suchst überall. Du versuchst dich aus dem Haus zu stehlen und nachzusehen, ob sich etwas im Garten finden lässt. Wen interessiert es schon, dass draußen 30 Zentimeter Schnee liegen und du überhaupt nicht hinausdarfst? Du bist auf kaltem Entzug und Katzenminze ist das Einzige, was die Stimmen in deinem Kopf zum Schweigen bringt.

Bevor du dich versiehst, sind all deine Spielzeuge bis zur Unkenntlichkeit durchgekaut, weil du dir sicher warst, dass irgendwo noch Minze drin sein müsste. Du versuchst, in die Schränke deines Menschen einzubrechen, um sicherzustellen, dass er dich nicht nur hinhält. Endlose Tage und schlaflose Nächte träumst du vom nächsten Schub. Du bist eine völlig veränderte Katze und verfluchst den Tag, an dem du die Blume des Bösen das erste Mal gekostet hast.

Ich weiß genau, was du jetzt denkst: »Mir passiert so etwas auf keinen Fall!« Aber dieses Szenario basiert auf Erzählungen ehemaliger Katzenminze-Junkies. Sie sind gerade noch mit ihrem Leben davongekommen. Du hast vielleicht weniger Glück. Kommt dir jemand mit Katzenminze zu nahe, dann miaue und geh einfach weiter. Solltest du sie schon probiert haben, kannst du einen Entzug machen – aber den schaffst du nicht allein. Da draußen gibt es eine Menge 12-Stufen-Programme, die dir helfen, den Teufelskreis zu durchbrechen. Setze immer eine Pfote vor die nächste, und mit der Zeit bist du eine viel stärkere Katze.

Und wenn du wieder clean bist, halte dich von dem Kraut fern, dessen Wurzeln in die Hölle reichen. Sonst greift die grauenhafte Katzenminze als Nächstes vielleicht nach deinen eigenen Jungen ...!

KGB – Katzen auf Geheimem Beutezug

Solltest du mit anderen Katzen in einem Haus wohnen, so hast du die Möglichkeit, auf geheimen Beutezug zu gehen. Versteckte Katzenoperationen umfassen das Plündern der Speisekammer, einen Putsch, um die Herrschaft im Haus zu übernehmen, oder Attentate auf Ungeziefer. Selbstverständlich kann jede allein lebende Katze diese Aktionen ausführen; Katzenteamwork ist allerdings oftmals effektiver und effizienter. Von großer Wichtigkeit bei jeder Geheimoperation ist eine präzise Rollenverteilung, daher solltet ihr bereits im Vorfeld überlegen, welche Katze

Mission erfüllt

sich für die verschiedenen Einsätze am besten eignet. Um dir die Planung zu erleichtern, werfe ich einen Blick auf die Dynamik einer häufig durchgeführten Geheimoperation: die Erkundung und Plünderung von Einkaufstüten.

Operations-
leiter

Der Operationsleiter:

Jede Geheimmission bedarf sorgfältiger Planung bis ins letzte Detail. Die Operationsleitung definiert das Ziel und koordiniert die Einzelaktionen aller Beteiligten, um das gewünschte Ergebnis zu erreichen. Diese Führungskatze wägt auch den Nutzen der Operation gegen die Gefahr ab, gegebenenfalls im Keller eingesperrt zu werden – meistens lohnt sich das Risiko! Am Ende der Mission wird der Operationsleiter schnurrend mitten auf dem Tisch sitzen und die kostbare Beute aus den Einkaufstüten nach eigenem Ermessen unter den beteiligten Agenten aufteilen.

Mata Haari

Mata Haari: Diese Katze bringt das Frauchen zum Schmelzen, indem sie mit ihrem Schwanz an ihm vorbeistreicht. Sie weiß ihre bezaubernden Kulleraugen, ihre Samtpfoten und ihre ganze verführerische Flauschigkeit so einzusetzen, dass ihr niemand widerstehen kann. Du benötigst jemanden, der den Menschen ablenkt, während der Rest des Teams sich mit dem teuren englischen Käse davonmacht? Dann ist Mata Haari die Mieze deiner Wahl! Für die Plünderung der Einkaufstüten sollte sie eine feste, unverrückbare Position auf dem Schoß des Opfers einnehmen. Sind mehr als vier Einkaufstüten zu durchsuchen, muss Mata Haari den Menschen mindestens eine Stunde lang bekuscheln.

Der Observierer: Das ist der perfekte Job für die Katze, die immer oben auf dem Regal hockt. Dem Observierer obliegt die Aufgabe, den Überblick zu behalten, in Sichtkontakt zu bleiben und das Team bei Gefahr in

Observierer

Verzug rechtzeitig zu warnen. Wähle für diese Aufgabe keinesfalls den ruhigen Typ aus. Sollte sich ein Mensch nähern oder einer Maus einfallen, sich in der Zwischenzeit an eurem Trockenfutter gütlich zu tun, dann muss der Observierer in der Lage sein, die Sirene einzuschalten. Darüber hinaus muss er über außergewöhnlich gute Augen verfügen. Die Fähigkeit, des Nachts in drei Kilometern Entfernung einen Tennisball auszumachen, stellt die Mindestanforderung für jede Katze dar – der Observierer sollte deshalb mindestens doppelt so weit sehen können. Planst du einen Beutezug auf den Esszimmertisch, während deine Menschen außer Haus sind, dann positioniere den Observierer im höchstgelegenen Fenster oder sogar auf dem Dach.

Waffenexperte

Der Waffenexperte: Bewehrt mit scharfen Fängen im Maul und Dolchen statt Krallen ist der Waffenexperte für die Schmutzarbeit der Mission zuständig. Niemand anders als dieses durchtriebene Kätzchen schlitzt selbst angeblich unkaputtbare Nahrungsmittelverpackungen auf. Darüber hinaus hilft es auch gerne aus, wenn es darum geht, Telefonleitungen zu kappen oder Bewegungsmelder lahmzulegen. Beim Vorstoß ins Küchenterritorium sollte der Waffenexperte die Operationsleitung dabei unterstützen, die Tüten möglichst schnell zu zerfetzen, um den Raubzug zeitnah abzuschließen.

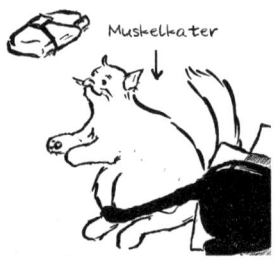

Muskelkater

Der Muskelkater: Diese Katze ist sich nicht zu schade, so richtig zuzupacken. Jenseits der Acht-Kilo-Marke angesiedelt, sind Muskelkater nicht gerade die unauffälligsten Samtpfoten, aber was ihnen an Heimlichkeit fehlt, machen sie durch schiere Körperkraft wett. Sollte das Wegschleifen einer XXL-Partypackung Grillwürste Teil deiner Operation bilden oder das Umstoßen

eines Terrakotta-Pflanzenkübels, der dir deine Lieblings-
aussicht versperrt, dann bist du mit so einem Kraftpaket
gut bedient. Was nicht sofort verzehrt wird, sollte die Or-
ganisationsleitung über die Tischkante stoßen, damit der
Muskelkater die Beute zu einem geheimen Treffpunkt
schleppen kann, der eine ungestörte Vertilgung zu späterer Zeit ermöglicht.

Die Schnupperspezialistin:
Diese Katze ist verantwortlich für die GPS-Analyse
und das Auskundschaften
der Missionsziele und ihrer
Zugänglichkeit. Durch den
Einsatz ihrer hoch emp-
findlichen Schnurrhaare er-

Schnupper-
spezialistin

mittelt sie die räumlichen Koordinaten und stellt fest, ob
es sicher ist, sich in der Bodenvase zu verstecken, sich unter der Tür durchzuwinden oder einen Schornstein hinaufzuklettern. Ihre Schnurrhaare nehmen sogar Veränderungen in den Strömungsmustern der Luft wahr, die durch
die Objekte im Raum verursacht werden. Von daher ist sie
unentbehrlich für das sichere Navigieren zwischen poten-
tiell instabilen Hindernissen.

Der Computerfreak: Keine erfolgreiche Operation »Esszimmertisch« kommt ohne einen Computerfreak aus. Dabei handelt es sich um eine Katze, die den ganzen Tag damit verbringt, auf dem Computermonitor zu liegen oder
auf der Tastatur herumzuklicken. Diese Technikgöttin be-

Computerfreak

hält ihre Geheimnisse für sich, dennoch bin ich überzeugt, dass die Zeit, die sie vor dem Rechner verbringt, sie dazu befähigt, sich in den Server der Zoohandlung zu hacken und die Bestellung des Billigfutters rückgängig zu machen. Während der Operation »Esszimmertisch« wird sie wahrscheinlich keine Sekunde vom Laptop eures Menschen weichen. Stört sie nicht. Sie macht ihren Job, was auch immer das sein mag.

Ägypten: das Reich, über das wir einst herrschten

Über Jahrtausende haben Katzen unzählige Religionen und Kulturen beeinflusst. In den Geschichtsbüchern finden sich zahlreiche Belege des Danks all jener, die wir von unserer Weisheit großzügig profitieren ließen. Nirgendwo ist das so offensichtlich wie im alten Ägypten – das Land, das seine größten Triumphe unter unserer Herrschaft feierte.

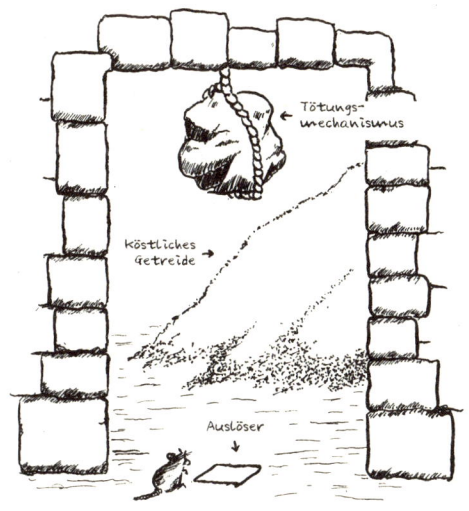

Frühe ägyptische Mausefalle

Die ägyptische Zivilisation litt unter Horden getreide-verschlingender Ratten, und frühere Versuche, ihrer Herr zu werden, scheiterten zumeist kläglich.

Überall im Königreich herumschlängelnde Kobras verschlimmerten die Lage zusätzlich. Den Ägyptern wurde klar, dass nicht einmal ein gesellschaftlicher Bann die Schlangen davon abhalten würde, Menschen zu beißen.

Schließlich bat das ägyptische Volk die Katzen um Hilfe.

Mit beiden Gegnern wohlvertraut, verzichteten die Katzen auf langes Federlesen, töteten die Ratten und verjagten die Schlangen. Als sich die Kunde ihrer unglaublichen Taten und ihrer offensichtlichen Intelligenz verbrei-

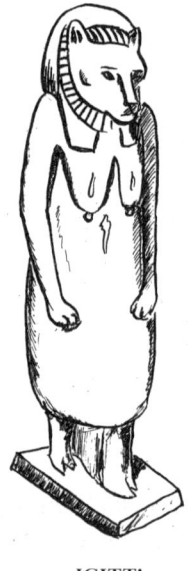

IGITT!   BESSER

tete, forderte man sie auf, Teil der ägyptischen Gesellschaft zu werden.

Die Bewunderung steigerte sich schon bald in Ehrfurcht; man begann Katzen anzubeten, die bis in die höchsten Kreise ägyptischer Gottheiten aufstiegen. Künstler, die von der Göttin Bast bislang flachbrüstige Löwenfiguren mit zwei Beinen anfertigten, änderten ihre Art der Darstellung. Tief beeindruckt von den Taten der Katzen wurde Bast von nun an als Statue oder auf Amuletten als würdevolle Tigerkatze voller Anmut und Stolz dargestellt.

Nach ihrem Aufstieg in den Götterhimmel bekleideten Katzen auch hohe politische Positionen. Sie lebten in fürstlichen Palästen, und das Töten eines Angehörigen der Katzenfamilie wurde zum Kapitalverbrechen erklärt. Archäologen haben viele ägyptische Artefakte ausgegraben, die das tägliche Leben einer Herrscherkatze dokumentieren.

Den herrschenden Katzen standen Menschen mit dem Titel Pharao beratend zur Seite. Gemeinsam ebneten sie den Weg für kulturelle Errungenschaften von bleibender Bedeutung.

DIE PYRAMIDEN

Mie-au-Tats* war die erste in einer langen Reihe von Herrscherkatzen, die eine Pyramide erbauen ließ. Sie sollte der höchste Beobachtungspunkt sein, den die Welt je gesehen hatte, und war Mie-au-Tats als Vision erschienen: Er besaß die Gestalt einer Pyramide, und die größte Katze der Welt hielt auf der Spitze ein Nickerchen.

Eine Pyramide hat die ideale Form für einen Beobachtungspunkt, denn die Spitze bietet gerade genug Sitzfläche für eine Katze. Um das gesamte eroberte Land zu überblicken, gab es also keinen besseren Ort als das obere Ende einer großen Pyramide.

Leider wurde Mie-au-Tats Vision nie realisiert. Menschliche Fehlleistungen, Ungehorsam und schlichte Faulheit unterminierten das Projekt. Die Pyramiden späterer Herrscherkatzen fielen tragischerweise demselben Schicksal zum Opfer, da sich kein Pharao fähig genug

---

* *Dieser Name wird vom Ägyptologen Hannig gelesen als »Er bringt wahren Schmerz dem Fuß«, während der Königsnamen-Experte Beckerath ihn eher als »Vernichter der Sandalen« deutet. Da die alten Ägypter keine Vokale wie a, e, i, o, u mitschrieben, ist die lautmalerische Schreibung wie die Deutung mitunter schwierig. (Anm. d. Ü.)*

zeigte, die eleganten Pläne seiner Herrscherkatze umzusetzen. Doch selbst die unvollendeten Pyramiden zeugen
von den Fähigkeiten jener wie Mie-au-Tats, die sie einst
erdacht hatten.

Mie-au-Tats Vision

DIE SPHINX

Es ist nicht ganz sicher, welche herrschende Katze die rie-
sige Sphinx erbauen ließ, die in Gizeh die Pyramiden be-
wacht. Die meisten Archäologen ordnen sie Mrr-schnur-

ret-Re* zu, dem der Pharao Chephren zur Seite stand. Die Sphinx ist eine Statue in Form eines gigantischen Katzenkörpers von 73,50 Meter Länge und 20 Meter Höhe. Ihre Vorderpfoten sind fast 15 Meter lang. Wie viele andere Herrscherkatzen auch erlebte Mrr-schnurret-Re die Fertigstellung seines Großprojektes nicht. Es wird gemeinhin angenommen, dass Chephren die abschließenden Arbeiten überwachte und die Häresie beging, anstatt des Bildnisses von Mrr-schnurret-Re sein eigenes Gesicht auf der Sphinx zu verewigen.

MUMIFIZIERUNG

Der Brauch der Ägypter, den Körper eines Verstorbenen in Leinenbandagen zu wickeln, geht auf die ägyptischen Katzen zurück. Die Legende besagt, dass die Menschen angesichts einer Katze, die sich selbst in eine Mumie zu verwandeln suchte, ihr von da an Ehre zu erweisen trachteten, indem sie den gleichen Brauch als Begräbnisritual übernahmen.

Viele Herrscherkatzen ließen sich für ihr letztes Nickerchen dauerhaft mumifizieren und erlaubten es vereinzelt ihrem Pharao, neben ihnen bestattet zu werden.

Doch auch die Tage des ägyptischen Reiches neigten sich irgendwann ihrem Ende zu. Die meisten Historiker

---

* *Auch hier gibt es zwei Lesarten: »Der da Musik bereitet dem Re« oder »Freund im Angesicht des Re«. (Anm. d. Ü.)*

schreiben den endgültigen Niedergang der letzten Herrscherkatze Cleokattra zu, die aus lauter Langeweile da-
vonlief – und mit ihr alle Katzen Ägyptens. Mit dem Wüs-
tensand krochen die Schlangen zurück in die Städte und
Tempel, wo sie geduldig auf George Lucas und Stephen
Spielberg warteten sowie auf den Beginn der Dreharbei-
ten für *Jäger des verlorenen Schatzes*.

Das Fenster

Man kann viele Stunden damit verbringen, vor dem Fenster zu sitzen und unterschiedliche Betrachtungen anzustellen. Warum auch nicht? Mit seinem hochwertigen Programmangebot bietet das Fenster die ideale Möglichkeit, sich nach einem langen, harten Tag zu entspannen. Solltest du zum anspruchsvollen Bildungskatzentum gehören, das zwar Zugang zu einem Fenster hat, aber nie herausschaut, so lass dir gesagt sein, dass du eine Menge verpasst. Ein Fenster ermöglicht es dir, das Aufregende und Tragische der Welt dort draußen mitzuerleben, ohne auf die Wärme und Trockenheit des Hauses zu verzichten. Jeder Tag bringt neue Episoden auf bis zu drei verschiedenen Kanälen – vorn, hinten und seitlich. Und mit ein bisschen Hin- und Hergelaufe fällt es leicht, das Programm voll auszukosten.

Hier das Fensterprogramm für heute:

**6:00 Uhr: Müllabfuhr –
Die Serie**

VORN

In dieser Folge verschwindet zuerst der Hausmüll, bevor das Altpapier entführt wird.

**6:30 Uhr: Discounter-
Joggerparade**

VORN

Die Ferienausgabe mit schwitzenden Menschen in Trainingskleidung vom Billigmarkt.

7:00 Uhr: Die Sonne

HINTEN

Der Sonnen-Marathon mit Folgen von 7:00 Uhr bis 18:00 Uhr. Wer nutzt die Etappe am ergiebigsten?

8:00 Uhr: Die Morgennachrichten

VORN

Starte mit den neusten Nachrichten in den Tag. Der Zeitungsjunge wird vom geizigen Nachbarn gegenüber zur Rede gestellt.

8:30 Uhr: Am Stoppschild

VORN

Wiederholung vom Vortag.

9:00 Uhr: Das Futter-häuschen

HINTEN

Die Emotionen schlagen hoch, als ein rücksichts-loser Eichelhäher alle frisch verliebten Blaumeisen-paare verscheucht.

9:30 Uhr: Mein Revier: Die Verkehrskontrolle

VORN

Ein Temposünder versucht mit Ausreden und Aus-flüchten davonzukommen, aber es nützt nichts: Der Polizist stellt ihm einen Strafzettel aus.

10:00 Uhr: Die Sonne

HINTEN

Der Marathon geht mit leicht erhöhter Einstrah-lung in die nächste Etappe.

10:30 Uhr: Familie Vogel

HINTEN

Timmy, der Jüngste, reißt seinen Schnabel richtig weit auf und bekommt von Mami einen ganzen Wurm hineingestopft.

11:00 Uhr: Der Postbote

VORN

Wird der mysteriöse Fremde im gelben Hemd heute wieder die Auffahrt hinaufkommen und einen geheimnisvollen Umschlag im Briefkasten hinterlassen oder nicht?

11:30 Uhr: Kuriose Krabbelkäfer
SEITLICH
Heute sehen wir eine gigantische Pferdebremse, die immer und immer wieder gegen eine unsichtbare Barriere fliegt.

12:00 Uhr: Baustellenpause am Mittag
VORN
Auf diese Weise wird der Anbau gegenüber niemals fertig!

12:30 Uhr: Tüten im Wind
VORN
Heute versucht die Chips-Tüte erneut sich davonzumachen, verfängt sich aber in einem Baum. In den Nebenrollen sehen Sie ein paar Schulkinder.

13:00 Uhr: Eichhörnchendisko
SEITLICH
Der ganze Ast schwingt auf und ab, wenn junge Eichhörnchen zu den heißen Beats der Grillen tanzen.

13:30 Uhr: Die Sonne
HINTEN
Der Höhepunkt der heutigen Ausstrahlung. Perfekt für einen sonnigen Schlummer.

14:00 Uhr: Eichhörnchen-Triathlon
VORN
Die Eichhörnchen kämpfen um die Bestzeiten in den Disziplinen Baumstammklettern, Astschwingen und Zehn-Meter-Sprint über die Straße.

15:30 Uhr: Straßenfußball
VORN
Max Ballauf setzt seinen Torrekord auch am sechsten Spieltag in Folge fort.

16:00 Uhr: Die Fahrstunde: Einparken

VORN

Beobachte, wie Gabi Küster auch heute wieder durch die Fahrprüfung fällt.

16:30 Uhr: Der Liefer-wagen

VORN

Wenn der Brummi doch nur woanders parken würde, dann könntest du sehen, wie die Arbeiter ein-packen und ins Wochen-ende fahren.

17:00 Uhr: Modesünden aktuell

VORN

Heute: Eine Übergewich-tige in pinkfarbenen Leg-gings und einem perlen-besticken Pullover aus Acrylwolle und ein Kerl in einem ausgebeulten bal-lonseidenen Trainings-anzug mit Flip-Flops glau-ben, dass man so auf die Straße gehen kann.

17:30 Uhr: Die Sonne

HINTEN

Die Sonne versinkt hinter den Bäumen und lässt auch heute viele Fragen offen.

18:00 Uhr: Der Umweltschützer

VORN

Eigentlich will er nur eine Unterschrift auf seiner Liste, aber da er zur Abend-essenszeit vorbeikommt, wird daraus nichts werden.

18:30 Uhr: Heiteres Gerücheraten

SEITLICH

Solange das Fenster bis zur Sommersaison ge-schlossen bleibt, kannst du nur raten, wie der Hau-fen an der Grundstücks-grenze riecht.

19:00 Uhr: Schau mal, wer da winkt

VORN

Eine Nachbarin bleibt plötzlich stehen und versucht zehn Minuten lang, deine Aufmerksamkeit zu erregen.

19:30 Uhr: Hund führt Mann aus

VORN
Du traust deinen Augen kaum, was alles aus dem Hund rauskommt und was der Mann, den er hinter sich herzerrt, damit anstellt.

20:00 Uhr: Ein Flugzeug

VORN
Staune, wie ein so kleiner Fleck am Himmel solch einen Krach zustande bringt.

21:00 Uhr: Raumschiff Enterprise

SEITLICH
Heute sehen die Nachbarn die Folge, in der Mr. Spock mit ein paar Hippies jammt.

22:00 Uhr: Angriff der Riesenratte

HINTEN
Die Kreatur kehrt zurück und durchwühlt den Abfall nach Essbarem. Der reine Horror!

23:00 Uhr: Programmende

Das Programm endet, wenn dein Mensch die Jalousien herunterlässt.

Die Kunst des Kat-Fu – fünf Grundtechniken, die du beherrschen solltest

Katzen sind Pazifisten – meistens zumindest. Kämpfe kosten viel Energie, die sich besser einsetzen ließe, um die Abfalltonnen zu durchwühlen. Unser Motto heißt leben, nerven, schlafen und leben lassen. Da muss schon etwas wirklich Unangenehmes geschehen, bevor wir unsere Fassung verlieren.

Manchmal jedoch werden selbst die Sanftmütigsten unter uns zur Weißglut getrieben und in einen offenen Kampf gezwungen. So ungern ich das auch zugebe: Eine Katze – dich selbstredend ausgenommen – kann einem mit der Zeit ziemlich auf die Nerven gehen. Und der eine oder andere Vertreter unserer Art bricht einen Streit vom Zaun, obwohl du ihn nicht provoziert hast.

Es kann auf offener Straße passieren. Am meisten überrascht uns aber die Tatsache, dass es sich beim Angreifer meistens um jemanden handelt, den wir gut kennen, wie etwa die Nachbarskatze oder sogar einen Verwandten. Es kann sogar die Katze sein, mit der du im selben Haus lebst!

In der Regel machen wir kein großes Aufheben darum. Die meisten dieser kleinen Kätzchen und Kater wissen es nun mal nicht besser. Aber dann kommt plötzlich jemand vorbei und setzt sich absichtlich auf deinen schattigen Lieblingsplatz. Oder jemand schleckt vorsätzlich deinen Becher mit geschmolzenem Eis aus. Oder springt plötzlich auf dich drauf, während du dein spätvormittägliches Nickerchen machst.

Was auch immer der Auslöser sein mag, manchmal gibt es darauf nur eine Antwort: Du reißt die Tüte der Schmerzen auf und teilst ihren Inhalt aus, dass die Fellfetzen fliegen. Du magst den Ärger nicht begonnen haben, aber du bringst ihn auf jeden Fall zu Ende. Und wenn es darum geht, jemandem so richtig das Fell über die Ohren zu ziehen, dann ist der richtige Zeitpunkt gekommen, dich auf deine Herkunft zu besinnen und die innere Straßenkatze rauszulassen.

FÜNF TECHNIKEN, DIE DU BEHERRSCHEN SOLLTEST

Die Ein-Pfoten-Klatsche: Hierbei handelt es sich um ein aggressives, offensives Schlagmanöver, das jede Katze hin und wieder ausführt. Wenn du die Klatsche anwendest, musst du wirklich extrem sauer auf die andere Katze sein. Mit gespreizter Pfote wischst du ihr immer wieder durchs Gesicht. Die Ein-Pfoten-Klatsche ist eine Kampftechnik, die sich am wirkungsvollsten einsetzen lässt, wenn man auf den Hinterbeinen steht. Wenn nötig, lässt sich aber auch aus jeder anderen Position kräftig zulangen.

ANMERKUNG: Wird diese Technik auf den Hinterbeinen stehend angewendet, nennt man sie *Wirbelnder Löwe*.

Wird sie eingesetzt, um einer anderen Katze die Schnurr-haare abzutrennen, heißt sie umgangssprachlich *Trocken-rasur*.

Die Harke: Jede Katze, die ihre Krallen wert ist, wurde schon einmal von ihrem Sparringspartner gekratzt. Diese Technik – die von Siam- und Burmakatzen auch als die *Ti-gerklaue* bezeichnet wird – ist eine effektive Methode, um deinem Gegner zu zeigen, was wirklich eine Harke ist. Fahre deine Krallen aus und schlage sie in alles, was nicht zu dir gehört. Wo immer auch die Harke zum Einsatz kommt, dein Gegner wird ein paar empfindliche Kratzer zurückbehalten und damit zum wandelnden Aushänge-schild deiner Kampf-künste. Jeder, der ihn sieht, wird wissen, dass man ihn an seinen Platz verwiesen hat.

Das Katzenknäuel: Diese Technik ist weniger dazu gedacht, deinen Gegner zu verwunden. Als defensive Ringertechnik dient sie vielmehr dazu, ein aggressives Kätzchen davor zu bewahren, dir oder sich selbst Schaden zuzufügen.

Die Anwendung des Katzenknäuels gewährt euch beiden eine Verschnaufpause. Doch Obacht – es verschafft euch beiden auch die Chance taktisch nachzuden-ken! So kann es vorkommen, dass die Katze, die sich eben noch oben befand und das Katzenknäuel kontrollierte, plötzlich unten liegt.

ANMERKUNG: Sollte nicht immer dieselbe Katze die Oberhand im Katzenknäuel behalten, so liegt dies zumeist am *Hasentritt* – einer Technik, bei der du deinen Gegner mit den Vorderpfoten festhältst, während du kraftvoll mit den Hinterpfoten zutrittst. Manchmal ist dies die Einleitung zu einer *Bauch-an-Bauch-Rolle*, einem *Nelson* oder die *Schlangen-umklammernde-Bulldogge*. Meistens aber ist es der gute alte *Hasentritt*, der sich viel niedlicher anhört, als er sich anfühlt.

Frontaler Krallenbomber: Sehr zu empfehlen bei einem Überraschungsangriff oder um wieder die Oberhand zu erlangen, nachdem du am Boden warst. Der frontale Krallenbomber verschafft dir einen Vorteil, indem du wie aus der Kanone geschossen durch die Luft fliegst und mit deinem ganzen Gewicht in deinen Gegner knallst. Dabei ist der Name etwas irreführend, da du ja nicht deine Krallen, sondern dein ganzes Körpergewicht einsetzt. Die Effektivität dieser Technik lässt sich um das Zehnfache verstärken, wenn du dabei heulst, fauchst oder kreischst und dieses Gesicht aufsetzt:

Der Vampir: In Verbindung mit dem frontalen Krallenbomber ist der Vampir ein ernstzunehmendes aggressives Manöver, das jeden Kampf eskalieren lässt. Aus diesem Grund sollte er auch niemals in einem Sparring zur Anwendung kommen – es sei denn, du legst es darauf an, dass aus Spaß bitterer Ernst wird. Öffne dein Maul entsprechend weit und beiß dich im Nacken deines Gegners fest. Richtig gelesen: Beiße ihn in den Hals! Das mag sich blutrünstig anhören, wird ihn aber lehren, sich fernzuhalten von deinem Lieblingsplatz oben auf dem Schrank, wo du den schönsten Gedanken nachhängst.

Wie die meisten der hier beschriebenen Techniken ist auch der Vampir nicht ganz ungefährlich. Mit größter Wahrscheinlichkeit wird die bekämpfte Katze dazu übergehen, dich ebenfalls in den Hals zu beißen. Sollten sich deine Pfoten aber gerade beim Klatscher verausgaben oder du dich in einer besonders fiesen Stimmung befinden, dann ist der Vampir die Waffe deiner Wahl.

Karrieren für Katzen

Es schmerzt schon sehr, wenn man sich die Mühe macht, einen Stapel warmer, frischer Bügelwäsche weiterhin warm zu halten, und dafür als Faulpelz bezeichnet wird, der sich gefälligst einen ordentlichen Job suchen soll. Hallo!? Entschuldigung! Katzen arbeiten die ganze Zeit! Sie fressen all die unerwünschten Fleischreste, ohne auch nur darum gebeten zu werden. Wir speichern die Energie der Sonne und leiten sie an einen Schoß weiter. Und wir produzieren mehr Haar als sämtliche Alpaka-Farmen in Peru.

Wenn wir kein produktives Mitglied des Haushalts sind, wer dann?

Aber diese schnippische Bemerkung deines Frauchens gibt dir dennoch zu denken. Vielleicht böte eine Tätigkeit außerhalb des Haushalts eine willkommene Abwechslung oder aber du willst nur seiner ständigen Nörgelei entgehen.

Wie dem auch sei, einer geschickten und unternehmungslustigen Katze bieten sich jede Menge Möglichkeiten, der Gesellschaft einen Dienst zu erweisen und dabei den einen oder anderen Euro zu verdienen.

KATZENZIRKUS

Der Duft der Fettschminke und der Applaus der Massen sind nicht mehr allein dem Moskauer Katzentheater vorbehalten. Überall entstehen neue Kompanien und bieten auch dir die Chance, deinen Traum zu erfüllen und dich dem Zirkus anzuschließen. Stell dir nur einmal Folgendes vor: Du wandelst anmutig über das Hochseil, 30 Meter über dem Boden. Oder du stülpst dir einen Helm über und wirst zur pelzigen Kanonenkugel. Selbst wenn dein Trick nur darin besteht, dich auf den Hinterpfoten aufzurichten, so darfst du dir der Bewunderung der Massen sicher sein. Menschen lieben es, die Vorstellung eines Katzenzirkus zu besuchen – ganz gleich, was in der Manege passiert.

Arbeit in einem Zirkus bedeutet allerdings auch, dich von Menschen anleiten zu lassen. Solltest du also sehr auf deine Eigenständigkeit bedacht sein, dann ist es vielleicht besser, deine Show auch zukünftig auf der heimischen Gardinenstange zu präsentieren. Es bringt nichts, eines Tages auf einem Parkplatz der A 24 aus dem Bus geworfen zu werden, nur weil du dich geweigert hast, den An-

weisungen deines Trainers zu folgen – ein zweibeiniger Typ, der es im Übrigen nicht einmal in einem Flohzirkus zu etwas bringen würde.

BLUTSPENDER

Nehmen wir einmal an, es gibt da eine schwerkranke Katze, die viel Blut verloren hat und dringend eine Transfusion braucht. Natürlich benötigt sie das Blut einer anderen Katze. Solltest du also eine starke, gesunde Katze mit einem großen Herzen sein, dann könnte das deine Gelegenheit sein!

Allerdings fällt Blutspenden mehr in die Kategorie des gemeinnützigen ehrenamtlichen Engagements, denn es bringt selten Geld ein. Ist dir die Gehaltsabrechnung jedoch egal und verfügst du über gute Venen und ein noch größeres Herz, dann könnte Blutspenden durchaus deine Bestimmung sein. Der Nachteil ist, dass du dazu zum Tierarzt musst und mit einer Nadel gestochen wirst. Der Vorteil wiederum ist, dass du eine Menge wohlverdienter Extra-Streicheleinheiten bekommst und voller Stolz in den tiefen, angenehmen Schlaf eines Helden versinken darfst.

KNEIPENKATZE

Bist du bereit, dir mehr als 60 Mal am Tag Marianne Rosenbergs *Marlene* anzuhören und jedes Mal den ganzen

Schmerz mitzuempfinden? Gehörst du darüber hinaus zu den freundlichen Katzen, denen es nichts ausmacht, einem Menschen ihr Ohr zu leihen, obwohl er immer und immer wieder dieselbe Geschichte vom heruntergefallenen Flaschendeckel erzählt, den sechs Klempner nicht aus dem Abfluss fischen konnten? Dann könnte dir der Beruf der Kneipenkatze zusagen. Es ist ein Job in entspannter, geselliger Atmosphäre, und du wirst sogar ermutigt, dich auf die Bar zu setzen (solange der pingelige Typ vom Ordnungsamt nicht vorbeikommt). Besondere Vorteile dieses Berufs sind der eine oder andere Bierwurstzipfel, der für dich abfällt, und ein fester Stamm an Gästen, die nie müde werden, für dich mit ihren Fingern an der Tresenkante Mäuschen zu spielen.

WERBE-IKONE

Du hast doch sicherlich die Fernsehwerbung gesehen, in der eine Katze wie verrückt auf einen übervollen Futternapf zuläuft und sich darüber hermacht. Sieht ganz einfach aus, oder? Immerhin stürzt du dich auch immer

schnell auf deinen Napf, wenn jemand Futter hineinfüllt. Du isst gern und siehst umwerfend genug aus, um im Fernsehen aufzutreten. Die Rolle *spielen?* Du *bist* die Rolle!

Allerdings bedeutet ein Leben als Werbe-Ikone auch, auf deinen Einsatz zu achten und dir das Gebrüll des Regisseurs anzuhören, wenn dein Bauch nach der dritten Klappe voll ist und du dich viel lieber für ein Nickerchen zurückziehen möchtest, egal wie mies die vorherigen Versuche auch ausfielen.

Und dein Privatleben kannst du auch vergessen. Von dem Moment an, in dem du den Vertrag unterzeichnest, repräsentierst du das Produkt. Amadeus, das Gesicht der Katzenfutterreklame mit der Petersilie, konnte keinen Schritt mehr vor die Tür setzen und musste sogar mit Politikern kuscheln.

MODEL

Liebst du die Gluthitze der Scheinwerfer und das Posieren vor der Kamera, findest die Schauspielerei aber zu anstrengend, dann könnte eine Modelkarriere eine reizvolle Alternative für dich sein. Dein Gesicht erscheint dann auf Motivationspostern in Büros, glänzt in Küchen auf Kalendern und ziert die Schulhefte von Grundschülern im ganzen Land. Du wirst Tausende Menschen zum Lächeln und ihre Augen zum Leuchten bringen oder sie motivieren, den Tag zu überstehen.

Die Arbeit eines Models ist vielseitig. Den einen Tag lässt du dich von einem Feuerwehrmann in seinen muskulösen Armen halten und am nächsten hängst du an einem Ast oder einem Seil herunter. Das Problem ist nur, dass die Auftragslage stark abnimmt, sobald Katzen älter als sechs Monate sind. Jüngere Kätzchen bekommen in der Regel die Sahnestücke vermittelt. Aber selbst wenn du schon etwas in die Jahre gekommen sein solltest, gibt es immer noch Katalog-Shootings. Kratze weiter an allen Türen. Wie heißt es doch so schön auf dem Motivationsposter: »Gib niemals auf!«

FLUGLOTSE

Du bist ohnehin schon nervös und liebst es, stundenlang etwas anzustarren? Dann könnte dir der beschäftigungsintensive Dienst als Fluglotse gefallen. Dieser Beruf scheint für Katzen wie gemacht. Man verbringt den Tag damit, eine Vielzahl von Punkten im Auge zu behalten, die über einen Monitor flimmern. Du arbeitest ganz oben in einem Tower, was einem während der Pause die Überwachung der Eichhörnchen in der Nachbarschaft erleichtert. Und sollte einmal die 8:30-Uhr-Maschine von Frank-

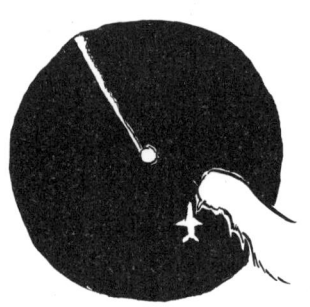

furt nach Kopenhagen dem Flug 8381 BER nach Paris zu nahe kommen, dann gibst du beiden Punkten auf dem Schirm einen Klaps mit der Pfote, um sie zurück auf den rechten Kurs zu bringen. Flugverkehr? Alles unter Kontrolle!

Hunde

Einige Menschen scheinen Hunde zu mögen. Warum das so ist, kann ich mir auch nicht erklären.

Wie Emma
ein Zuhause fand

Jeden Tag und überall auf der Welt sitzen plötzlich streunende Katzen vor irgendwelchen Türen. Die Menschen beschäftigt dann oftmals nur die Frage, woher die fremde Katze wohl stammen mag. Sie kratzen sich am Kopf, während sie stundenlang versuchen, das Rätsel zu lösen. Aber nie kommen sie auf die Idee, nach dem Warum zu fragen.

Dies ist die wahre Geschichte einer Katze und eines Menschen, die einander gefunden haben. Sie erklärt, warum das Woher einer Katze nicht annähernd so viel zählt wie der Grund, warum sie aufgetaucht ist.

Eines schönen Tages schlenderte eine Katze über das ländliche Domizil eines Mannes namens Doug. Es war ein angenehmer Sommernachmittag und die Tür des Hauses stand weit offen. Also ging die Katze hinein, wanderte ins Wohnzimmer und rollte sich auf dem Sofa neben Doug zusammen.

»Oh nein, das tust du nicht! Kommt gar nicht in Frage. Vergiss es!«, sprach er und nahm sich eine weitere Handvoll Gummibärchen aus der Tüte auf seinem Schoß.

Während der letzten Jahre war eine beträchtliche Anzahl von Tieren in der Nähe von Dougs Haus ausgesetzt worden. Herzlose Menschen fuhren mit ihren Haustieren einfach aufs Land und ließen sie dort zurück. Und immer wieder blieb Doug nichts anderes übrig, als sich auf eigene Kosten um all diese Tiere zu kümmern. Das nervte ihn. Er vermutete sofort, dass die Katze auf seinem Sofa das gleiche Schicksal ereilt hatte. Zu allem Überfluss war Doug soeben zum zweiten Mal geschieden worden und nicht gerade bester Stimmung.

Die Chancen für die Katze standen also denkbar schlecht.

»Woher kommst du? Wer bist du?«, fragte Doug.

»Mau«, antwortete die Katze.

»Das reicht nicht. Du gehst wieder nach draußen. Ich weiß, wie dieses Spielchen läuft.«

Doug packte die Katze und setzte sie sanft am Fuße der Verandatreppe ab. Prompt sprang sie auf einen Holzstapel und machte es sich in der Sonne bequem, um ein Nickerchen zu halten. Hin und wieder erwachte sie und erblickte Doug, der sie durch das Fenster beobachtete. Jedes Mal drohte er abweisend mit dem Finger, murmelte etwas vor sich hin und verschwand wieder. Bald darauf wurde es draußen dunkel und die Katze verbrachte die Nacht sicher versteckt im Holzstoß.

Als sich am nächsten Morgen die Tür öffnete, flitzte die Katze in die Küche.

»Na großartig. Ich seh schon, dich werde ich nicht so leicht wieder los. Ich geh mal davon aus, dass du etwas Milch möchtest oder so?«

»Mau«, antwortete die Katze.

Doug schlurfte zum Kühlschrank und holte eine angebrochene Tüte Milch heraus. Er füllte das, was noch darin war, in eine Schale und stellte sie auf den Boden.

»Mach schnell – es gibt hier jemanden, der arbeiten muss.« Doug tappte ungeduldig mit seinem Fuß.

Nachdem die Katze die Schüssel sauber ausgeschleckt hatte, setzte Doug sie wieder auf den Holzstapel vor der Tür und ermahnte sie, in seiner Abwesenheit keinen Unsinn anzurichten. Die Katze saß ruhig in der Sonne, starrte den Vögeln nach und staunte darüber, wie sie das im Blockhüttenstil gehaltene Futterhäuschen umschwirrten, das Doug in seiner Werkstatt für sie gezimmert hatte.

Später, als Dougs Lieferwagen in die Einfahrt bog, lief die Katze zu seiner Werkstatt hinüber und sah zu, wie er sein Zimmermannswerkzeug auslud. Danach begleitete sie ihn wie selbstverständlich ins Haus. Sie saßen nebeneinander auf dem Sofa und sahen gemeinsam fern. Schließlich verlieh die Katze lautstark ihrer Verwunderung darüber Ausdruck, dass es noch nicht Zeit zum Abendessen sei.

»Du hättest den ganzen Tag über fressen können. Draußen rennen tonnenweise Viecher herum. Unternimm etwas gegen die Maulwürfe. Ich habe kein Katzenfutter und ganz bestimmt werde ich nicht kochen! Das ist hier kein Restaurant, verstanden?«

Doug ging zu Bett, ließ die Katze aber im Haus. Sie sprang von ihrem Kissen herunter und schlenderte in die Küche, wo sie eine große Papiertüte fand, in der Doug seinen Abfall gesammelt hatte. Neugierig durchsuchte sie den Inhalt, fand etwas zu essen und sprang danach auf die Spüle, um aus dem offenen Fenster zu blicken. Die nächtlichen Geräusche des Landlebens hielten sie noch eine ganze Weile wach.

Gegen fünf Uhr morgens wankte Doug in die Küche und hielt abrupt inne.

»Kaffeesatz über den ganzen Boden verteilt, Eierschalen überall und der Müllsack ist ruiniert. Das war's, jetzt reicht's!« Doug jagte die Katze aus dem Haus. Nach einer lebhaften Verfolgungsjagd gab er schließlich auf, die Katze aus ihrem wohlgewählten Versteck im Holzstoß zerren zu wollen. Sie wartete, bis er wegfuhr, und verbrachte den Rest des Tages damit, die Erdhaufen zu studieren, die die Maulwürfe im Garten hinterließen.

An diesem Abend war es längst dunkel, als Doug nach Hause kam. Mit einer geöffneten Dose Thunfisch in der Hand stieg er aus dem Auto.

»Das ist für dich. Du kannst hier zwar nicht bleiben, aber trotzdem solltest du einen Namen haben. Ich nenne dich Emma – das klingt nicht schlecht und ist so gut wie jeder andere Name auch.«

Emma war so hungrig, dass sie den Thunfisch in Sekundenschnelle verschlang und anschließend die Dose herumschubste, um auch noch das letzte bisschen herauszulecken. Als sie fertig war, hob Doug sie hoch und trug sie zu seinem Lieferwagen. Sie stiegen ein und fuhren los.

Nach einer Weile hielt Doug am Straßenrand und öffnete eine weitere Dose Thunfisch. Er entfernte sich ein gutes Stück von der Straße, bevor er sie auf den Boden stellte.

Emma trottete hinüber und bediente sich beherzt.

»Das da drüben ist Sterling Suttons Farm«, erklärte Doug und zeigte auf eine Scheune. »Du findest sicherlich einen Platz bei den Scheunenkatzen.«

Emma schaute auf und sah Doug in die Augen. Sie starrte ihn einen Augenblick lang an und bewunderte, wie das Mondlicht auf dem großen Regenbogenfisch seines zerknautschten Angelhutes schimmerte. Als sie sich wieder dem Thunfisch widmete, schlich sich Doug auf Zehenspitzen davon, ließ sie aber nicht aus den Augen, bis er den Wagen erreicht hatte.

»Viel Glück, Emma«, wünschte er und warf noch einen Blick zurück, als er langsam davonfuhr.

Emma lächelte flüchtig, bevor sie sich wieder dem Thunfisch zuwandte.

Am nächsten Morgen saß Doug am Küchentisch und telefonierte mit seinem alten Kumpel Schmitty.

»Jep, die Katze hab ich zu Suttons Farm gebracht und sie bei der Scheune zurückgelassen. Hab ihr zwei Dosen Thunfisch gegeben und sie fortgeschickt. Erledigt. Gut, dass ich die los bin.«

»Mau«, sagte Emma.

Doug schaute nach unten und sah Emma zu seinen Füßen. Sie war gerade dabei, sich an seinen Arbeitsstiefeln zu reiben.

»Ich werd nicht mehr. Das glaubst du nicht, Schmitty, aber rate mal, wer wieder da ist. Emma! Diese verrückte Katze war mindestens neun Kilometer weit weg und hat trotzdem im Dunkeln den Weg hierher zurückgefunden. Ja, ich weiß, dass das verrückt ist. Ich hab keine Ahnung, wie ich die Katze wieder loswerden soll. Ich ruf dich später an.«

Doug legte auf, beruhigte sich und hob Emma hoch.

»Ich nehme mal an, du kannst bleiben. Du hast es dir

verdient«, sagte er. »Was willst du fressen? Ich denke mal, Thunfisch hängt dir schon zum Hals raus, oder?«

Emma unterbrach ihr Schnurren für ein kurzes Miau.

»Ich muss schnell zum Laden runter. Ich werd Vollmilch besorgen. Auf dieses 1,5-Prozent-Zeugs stehst du mit Sicherheit nicht. Ich mag diese Pansche auch nicht, ist einfach nicht sahnig genug. Ich besorg Vollmilch.«

Und die Katze namens Emma wartete auf dem Holzstapel, bis Doug wieder nach Hause kam.

Wie man ungestraft davonkommt

In einer Welt voll unzähliger sinnloser Regeln ist es nur eine Frage der Zeit, bis man dabei erwischt wird, wie man die eine oder andere bricht.

Schlaf nicht auf dem Schneidebrett! Geh sofort vom Kuchen runter! Lass die Hosenbeine der Gäste in Ruhe! Gibt es hier eigentlich irgendetwas, das man darf?

Die Antwort lautet ja. Genau genommen darfst du tun, was immer du möchtest, solange du nicht dabei erwischt wirst. Und dank der naturgegebenen Diskretion und Schläue einer Katze ist es möglich, mit so ziemlich allem davonzukommen.

Wie vorsichtig man es auch anstellen mag – manchmal passiert es einfach. Bücherregale kippen um wie von

Zauberhand, der Vorhang löst sich ganz von selbst von der Stange und urplötzlich ist ein kleiner, stiller und pelziger Jemand in ganz großen Schwierigkeiten.

Was immer auch passiert sein mag, es sollte unter keinen Umständen dir zur Last gelegt werden oder eine Bestrafung nach sich ziehen. Nicht einmal, wenn du direkt unter einer großen Leuchttafel sitzt, auf der geschrieben steht:

Aber Strafe ist alles, was deinem Menschen jetzt in den Sinn kommt. Wenn der lange Arm des Gesetzes dich ergreift – ungefähr zehn Sekunden nach dem Krachen, Scheppern und Splittern, in dessen Nähe du dich zufällig

befunden hast –, muss die Taktik stehen, die deinen Frei-
spruch sichert.

UNSCHULD VORTÄUSCHEN

Menschen werden dich glauben machen wollen, dass es
nur zwei Bekenntnisse gibt, wenn die Katzenkacke am
Dampfen ist: schuldig oder nicht schuldig. Das bringt dich
dann doch etwas in die Bredouille, oder? Bevor du dich
aber gezwungen siehst, dich mit einem unangenehmen
Begriff wie »Schuld« zu belasten, möchte ich dir nahele-
gen, Unschuld als das zu betrachten, was es wirklich ist:
eine Lebenseinstellung.

Unschuld sieht eine Reihe niedlicher Verhaltensmus-
ter vor, die du dir leicht aneignen kannst: große Kulleraugen, zärtliche Kopfstüber oder auf den Pfötchen tippeln.
Genau genommen willst du diesen Ausdruck erreichen:

»WER? ICH?«

Du magst dich jetzt fragen, wie jemand so dumm sein
kann, darauf hereinzufallen. Wundere dich nicht – sie sind
es.

ABSTREITEN, ABSTREITEN, ABSTREITEN

Die französische Bonbonniere liegt in Scherben auf dem Boden. Der Leguan ist panisch. Deine Pfotenabdrücke sind überall. Na und? Was soll das beweisen? Dass du Pfoten hast? Soweit es dich betrifft, war dir nicht bekannt, dass es in diesem Haus eine französische Bonbonniere gab, ganz zu schweigen von einem Leguan. Du hast nur in der Ecke gelegen und dich geputzt. Und eigentlich findest du das alles ziemlich uninteressant.

Leugnen sollte immer deine erste und einzige Verteidigung sein, denn es bringt Menschen so richtig zur Raserei. Sie mögen denken, sie wüssten, wer es war, aber du willst verdammt sein, wenn du ihnen auch nur einen Hinweis in dieser Sache gibst. Schließlich werden sie frustriert davon ablassen – und du wirst nicht bestraft.

SCHIEBE ES JEMAND ANDEREM IN DIE SCHUHE

Gibt es eine andere Katze oder einen Hund im Haus? Gut, denn jetzt ist es an der Zeit, diesen Umstand zu nutzen. Kannst du der Strafe nicht auf einem der oben angeführten Wege entgehen, dann müssen die Beweise auf einen anderen Verdächtigen hindeuten. Sollte eine Schuldzuweisung an die andere Katze ausgeschlossen sein, dann ist es beim Hund umso einfacher. Jeder noch so intelligente Hund – ob es sich nun um einen Kuschler oder einen Kläffer handelt – ist immer noch zu doof, um zu bemerken, dass man ihn reinlegt. Außerdem wird dein Mensch ihm gegenüber eine Weichherzigkeit zeigen, die er keiner Katze jemals zukommen ließe. Dich würde er einsperren und den Schlüssel wegwerfen. Aber das Schlimmste, was der Hund zu erwarten hat, ist ein Klaps auf die Schnauze – und was die Sache noch besser macht: Du kommst nicht nur ungeschoren davon, sondern das blöde Vieh, das dich ständig jagt, kriegt auch noch eins auf die Nase. Das ist wahre Gerechtigkeit!

ARREST. IM BAU. EINGELOCHT. KNAST.

All deinen Bemühungen zum Trotz verlässt dich dann und wann dein Glück. Alle Möglichkeiten sind ausgeschöpft, und du bist dran, schuldig oder nicht. Du fährst ins Loch, Mieze, und das wird richtig hart. Je nachdem, wie weichherzig dein Mensch ist und ob es sich um eine Wiederholungstat handelt, wirst du wohl oder übel mit 15 bis 20 Minuten Haft rechnen müssen.

Du bist keine Katze, die gleich den Schwanz einzieht, aber du hast die Geschichten gehört. Ganz allein. Keine Spielzeugmäuse. Keine Leckerlis. Ein Ort wie dieser verändert eine Katze. Er kann eine Katze sogar in den Wahnsinn treiben.

Bevor du dich versiehst, ist die Badezimmertür hinter dir zugeschlagen. Überraschenderweise vergehen die ersten fünf Minuten wie im Fluge. Du fühlst dich gut. Du wirst es schaffen! Die Zeit vergeht, während du die Badewanne erforschst und aus reinem Trotz einen Seifenspender und einen Kontaktlinsenbehälter herunterschubst.

Aber dann fängt es an. Du musst noch ganze 15 Minuten in diesem Höllenloch überstehen. Du versuchst dich zu erinnern und musst voller Schrecken feststellen, dass du kaum noch weißt, wie das Leben da draußen aussieht. Du beginnst an der Tür zu kratzen. Die Wände kommen immer näher! Was wirst du jetzt tun? Was sollst du jetzt tun???

Entspann dich. Das Wichtigste ist, cool zu bleiben. Verlier nicht den Kopf. Überlege dir lieber einen konstruktiven Zeitvertreib. Lege ein paar Putzeinheiten ein oder mach ein Nickerchen. Oder kreische wie vom Teufel besessen. Wie auch immer, früher oder später ist die Zeit abgesessen und du wirst als freie Katze entlassen.

Wenn sich die Tür öffnet, wirst du eine gewandelte Katze sein, gestählt durch deine Zeit im Knast.

Hast du deine Lektion gelernt? Aber ja doch. Sie lautet: »Lass dich nie erwischen!« Und genau das wird nie wieder geschehen!

Katzensprache

Miau, miau, miau, miau. Miau, miau, miau, miau. Miau, miau, miau, miau, miau, miau, miau, miau.

1972 brannte sich die Melodie, mit der in den USA das Katzenfutter *Meow Mix* beworben wurde, in das kollektive Unterbewusstsein der nordamerikanischen Bevölkerung ein. Völlig euphorisch darüber, plötzlich der Katzensprache »mächtig« zu sein, rannten die Menschen herum und versuchten uns damit zu beeindrucken, dass sie »Ich will Thunfisch, Pute und Hühnchen« vor sich hin sangen. Jedenfalls glaubten sie, das zu singen. Die Katzen von damals wussten es besser, schmunzelten in sich hinein und verkrochen sich in den Tiefen einer Einkaufstüte. Wie hatte die dafür verantwortliche Werbeagentur nur einen derart inkompetenten Übersetzer beauftragen können? Es musste sich um irgendeinen zurückgebliebenen Verwandten irgendeines Kreativdirektors handeln, der nirgendwo anders unterzubringen gewesen war. Der Text lautete in Wahrheit nämlich: »In meinem Bauch zappeln eklige Bandwürmer. Wählt Nixon!« Allein der Gedanke, dass Menschen das noch jahrelang gesungen haben!

Seit wir menschliche Gesellschaft suchen, sind wir Katzen darum bemüht, uns verständlich zu machen. Über die Jahre ist es uns zumindest gelungen, die grundlegendsten Inhalte zu vermitteln, sodass wir gefüttert werden,

Aufmerksamkeit erfahren und den Menschen klar ist, wann sie uns besser in Ruhe zu lassen haben. Seitdem beißen wir auf Granit. Jede Katze vermag ihr Frauchen noch dazu zu bringen, ein Fellmäuschen unter dem Sofa hervorzuangeln, wahrlich kein Problem. Aber versuche mal, eine Super-8-Kamera und einen Hamsterkäfig für die Verwirklichung eines Kunstfilmprojektes aus ihm herauszukitzeln – vergiss es!

Lange sah es so aus, als müssten wir Katzen die eingeschränkten sprachlichen Fähigkeiten des Menschen akzeptieren, bis diese Spezies endlich eine höhere Entwicklungsstufe erreicht. Deshalb konzentrierten wir uns darauf, unseren Befehlen mit einer besonderen Betonung, Lautstärke und nonverbalen Gesten – wie Um-die-Beine-Streichen, Schwanzschlagen oder Zerbrechen von Dingen – Nachdruck zu verleihen.

Eines Tages schien es, als hätten wir Katzen endlich die Sprachbarriere übersprungen. 1944 veröffentlichte eine Frau namens Mildred Moelk eine Studie, in der sie unsere verbale Ausdrucksfähigkeit anerkannte, vor allem unser Geschick, neun Konsonanten, fünf Vokale, zwei Diphthonge und einen Triphtong zu formen (die Anschaffung des teuren Kurses *Sprechen wie ein Mensch* in zwölf Teilen hat sich letztendlich also doch gelohnt!). In ihre Forschung floss nicht die ganze Bandbreite unserer Kommunikationsversuche ein, aber zumindest wurden unsere Bemühungen anerkannt. Das war ein richtig guter Anfang. Doch leider hat kaum ein Mensch diese Studie je gelesen, da Mildred es unverständlicherweise vorzog, ihre Ergebnisse in *Psychologie heute* zu veröffentlichen anstatt in *GEO*, *natur+kosmos* oder im *Stern*.

Lange Jahre stagnierte die Situation, bis es zum Meow-Mix-Super-GAU kam. Der drittklassige Werbespot eines Katzenfutterherstellers machte jeden Menschen über Nacht zum felinen Sprachexperten. Es folgten finstere Zeiten. Bei dem Versuch, unsere Frauchen in ein Kamingespräch über Makroökonomie zu verwickeln, bekamen wir zur Antwort: »Ja doch, Mama weiß, dass du ihr süßes Dickibärchen bist.« Immer dann, wenn wir uns angeregt über die Rolle der Katze in der nordischen Mythologie unterhalten wollten, dachten sie, wir hätten Lust, auf ihrem Schoß Tanzbewegungen zur Melodie des Meow-Mix-Werbespots auszuführen.

Diese Entwicklung war vor allem für die Siamkatzen irritierend, denn ihnen war gerade ein revolutionärer Durchbruch auf dem Feld der Nanotechnologie gelungen und sie versuchten aufgeregt, die Menschheit davon in Kenntnis zu setzen. Aber anstatt gebührend als wissenschaftliche Genies gefeiert zu werden, verunstaltete man sie mit Schleifchen und Babyhäubchen, da sie ja so »verwöhnte kleine Quasselschätzchen« waren.

In einer 2002 erschienenen Studie der Cornell-Universität wurden unsere Kommunikationsversuche sogar aufs Höchste beleidigt: Sogenannte Gelehrte waren zu dem Schluss gekommen, wir seien eine Spezies von Betrügern, die ihre »Sprache« in einer von Menschen als angenehm oder unangenehm empfundenen Tonlage einfärbten, um sie wie Marionetten zu manipulieren und sie in unserem Sinne zu steuern. Wir sind die Ersten, die zugeben, dass wir bedenkenlos der Versuchung nachgeben, menschlichen Willen zu unserem Vorteil zu beugen. Aber unsere Errungenschaften mit einem Wisch einfach so abzutun war schon ein harter Schlag auf die Nase.

Wir haben uns ein Bein ausgerissen und uns wirklich bemüht. Jetzt sind die Zweibeiner an der Reihe! Katzen haben eine Menge zu sagen und könnten einige der drängendsten Menschheitsprobleme lösen, wenn die Menschen nur ein bisschen besser zuhören oder wenigstens einen besseren Übersetzer einstellen würden.

Die drei Stufen zur transzendentalen Zufriedenheit

Mehr als jede andere Spezies befinden sich Katzen in Einklang mit den Geheimnissen des Universums. So haben wir nicht nur den Pfad zur Erleuchtung gefunden, sondern auch einige Abkürzungen, um schneller dorthin zu gelangen. Dadurch reduzierten wir die Stufen des »Achtfachen Pfades« auf zeitsparende drei.

Es gibt aber auch Katzen, die sich vom großen, alles verbindenden Netz abgeschnitten haben. Für diejenigen unter uns, die sich noch immer mit den Banalitäten des Alltags abmühen und daran scheitern, das Jetzt in der Ewigkeit aufgehen zu lassen, präsentiere ich im Folgenden die Lehren des weisen Katers Moritz, der die Grundsätze transzendentaler Zufriedenheit schriftlich niedergelegt hat.

I. GLÜCKSELIGES SITZEN

Moritz sagt: *Wenn um dich herum alles im Chaos versinkt, halte deine Pfoten da raus. Suche dir einen geeigneten Platz, an dem du dich fallen lässt. Lasse die Dinge um dich herum einfach geschehen. Das ist sehr entspannend.*

Wenn du gerade erst aus einem langen friedlichen Nickerchen erwacht bist und der Kontrollgang zum Futternapf ergeben hat, dass dieser wohlgefüllt ist, um auch beim zweiten oder dritten Besuch ausreichend Futter zu enthalten, dann ist die Zeit gekommen, sich hinzusetzen und über das Sein an sich zu meditieren. Dieser kontemplative Zustand ist von passiver Natur, frei von störenden Gedanken. Er ist der Moment, in dem du die ganze Welt umarmst und erkennst, dass sie nur für dich geschaffen wurde. Allerdings fällt es uns intelligenten Katzen manchmal schwer, die im Kopf herumschwirrenden Gedanken zum Schweigen zu bringen.

Du bist nicht draußen. Warum solltest du auch? Draußen könntest du nass werden. Dein Fellmäuschen ist unter dem Kühlschrank. Bleib ganz ruhig. Es ist nur eine Frage der Zeit, bis dein Mensch einen Stock oder einen Besen holt und es befreit. Noch besser wäre es, wenn er eine ganze Tüte neuer Fellmäuschen mitbrächte. Du sitzt nicht auf dem höchstgelegenen Platz, denn dein Körper bedarf dieser Höhe nicht, aber wenn es deinem Geist hilft, so spring hinauf und führe deine Meditation dort oben fort.

Allmählich wird dein Denken langsamer und immer langsamer, sodass ein friedvolles Nichts bleibt. Kannst du es fühlen?

Nein? Gut. Du bist bereit für den zweiten Schritt.

II. OBERTONSCHNURREN

Moritz sagt: *Die Geräusche, die tief aus deiner Kehle kommen, sind weniger lustig als die aus deinem Hinterteil, aber nicht weniger befriedigend.*

Glückseliges Sitzen praktiziert man am besten allein, vorzugsweise auf einem Stapel Pullover oder einem Fleckchen in der Sonne. Obertonschnurren hingegen gelingt am besten zusammen mit deinem Menschen. Es öffnet dich für die kosmischen Energien deiner Umgebung und leitet sie an andere weiter.

Es ist eine menschliche Fehlannahme, der Urton des Universums sei »OM«. Aber auch wenn sie damit falschliegen, so sollte man es den Zweibeinern nicht vorwerfen. Katzen kennen den wahren Urklang des Alls, der sich so anhört: Prrrrrrr prrrrrrrr prrrrrrrr prrrrrrrr prrrrrrr.

Dieser Ton lässt sich nicht so leicht allein erzeugen. Normalerweise findest du die Frequenz durch einen äußeren Impuls wie die Zunge deiner Mutter, die zärtlich säubernd über dein Fell leckt, oder die streichelnde Hand deines Menschen. Das ist der Zündschlüssel, der den Schnurrmotor startet. Manchen Katzen gelingt es, diesen Motor auch aus ihrem Innern heraus zu starten. Diese erleuchteten Wesen sind fähig, unabhängig zu schnurren – ein Ziel, nach dem wir alle streben sollten.

Durch lange Wiederholungen des Schnurrlautes werden Katzen Teil der universellen Harmonie. Dabei senden wir Schwingungen aus, die anderen in unserer Umgebung helfen, dieselbe Ebene zu erreichen.

III. GLÜCKSELIGE PFOTEN

Moritz sagt:

*Ich bin ein glücklich Kätzchen, ich komm auf deinen
  Schoß.*
Ich bin ein glücklich Kätzchen, und schon geht es los.
*Ei, wir tanzen hübsch und fein, von einem auf das
  andre Bein.*
*Ei, wir tanzen hübsch und fein, von einem auf das
  andre Bein.**

Hast du eine Weile geschnurrt, ist es nunmehr an der Zeit, in den nächsten und höchsten Zustand der Zufriedenheit überzugehen. Wie lange wird das dauern? Das variiert von Katze zu Katze. Manchen gelingt der Übergang sofort, andere erreichen diese Ebene nie. Versuche es nicht zu erzwingen. Wenn der Zeitpunkt gekommen ist, wird es geschehen.

Du merkst, dass es so weit ist, wenn deine Pfoten beginnen, ein Eigenleben zu entwickeln. Langsam bewegen sie sich vor und zurück und kneten das, worauf du gerade sitzt. Mit der Zeit bewegen sie sich immer schneller, und schon bald vergisst du die Welt um dich herum und dein ganzes Sein ist von reinem Licht erfüllt. Währenddessen übertragen deine Pfoten die Energie in den Schoß unter dir.

Moritz gratuliert dir von Herzen! Du befindest dich im Katzennirwana, einem Zustand der Glückseligkeit, in dem du für alle Ewigkeit verbleibst. Nun, zumindest so lange, bis dein Mensch dich von seinem Schoß wirft, weil du deine Krallen in seinen Oberschenkel gebohrt hast.

---

* *Zu singen nach der Melodie von:* Ich bin ein dicker Tanzbär. *(Anm. d. Ü.)*

Leben in der Scheune

Welche Katze hat noch nicht von glücklichen Tagen geträumt, an denen sie im Heu herumtollt und nächtliche Jagd auf Feldmäuse macht? Ein ländliches Abenteuer in einer Scheune ist etwas, das jede Katze zumindest einmal in ihren neun Leben gewagt haben sollte. Halbwilde Ausflüge wie diese sollte man jedoch nicht ohne gewisse Vorkenntnisse unternehmen. Harte Arbeit und echte Gefahren warten dort auf dich und du solltest dafür gewappnet sein. Hast du einen längeren Scheunenaufenthalt geplant, solltest du dich im Vorfeld mit diversen Aspekten des »wilden« Landlebens befassen.

BAUERNFRÜHSTÜCK

Frühstück, Mittag- und Abendessen bestehen aus ein und derselben Zutat: Ungeziefer, Ungeziefer, Ungeziefer. Erwarte bei den Mahlzeiten keine großen Variationen, von Maus und Spatz einmal abgesehen. Zudem mangelt es beim Scheunenbuffet an der Pünktlichkeit häuslicher Verpflegung. Nagetiere neigen dazu, üblichen Essenszeiten eher fernzubleiben. Trotzdem hat die Scheunenfreiheit auch ihre Vorzüge: Katzen erfahren, wie befriedend es sein kann, direkt von Muttter Natur zu leben und sich das Futter durch harte Arbeit redlich zu verdienen. Die Scheunenkatze nimmt vom Land nur das, was sie wirklich braucht, und ist so Teil der natürlichen Ordnung. Bedenke dabei jedoch, dass Scheunenkatzen – wie alle anderen Katzen auch – genau so viel Futter benötigen, wie ihnen der Sinn danach steht.

LAUTE NACHBARN

Zwischen schreienden Babys, nicht enden wollendem Telefongeplapper und dem grauenerregenden Geräusch der Spülmaschine ist es kein Wunder, dass sich so manche Katze nach der vermeintlichen Stille und Zurückgezogenheit einer Scheune sehnt. Viele sind daher überrascht, wenn sie mit ihrer ganz eigenen – nicht weniger dezenten – Geräuschkulisse aufwartet. Den dudelnden Handyklingelton ersetzen wiehernde Pferde, die Kaffeemühle muhende Kühe und die klopfende Heizung blökende Schafe. Vergiss dabei nicht, dass es sich um Naturgeräusche handelt – und wegen der Naturerfahrung bist du schließlich hier. Anders als technische Lärmquellen sind deine Scheunenmitbewohner zudem zu etwas nütze! Frische Milch von einer scheinbar niemals endenden Reihe von Eutern zu lecken ist eine himmlische Erfahrung. Einige der Kühe sind darüber hinaus auch noch großartige Kuschelkumpel. Sei nicht schüchtern und bitte sie direkt, ob sie etwas leiser sein könnten, wenn du auf ihrem breiten Rücken ein Nickerchen machen möchtest. Scheunentiere mögen es, wenn man nicht um den heißen Brei herumredet.

WILDE KREATUREN

Manchmal vergessen wir, welche Sicherheit uns das Innere einer menschlichen Wohnung bietet. Tatsächlich halten solide Mauern und doppelte Isolierverglasung einige wirklich fiese Bestien fern: streunende Hunde, die dich mit einem Bissen verschlingen wollen. Falken und Eulen, die nur darauf warten, ihre Krallen in dein Fell zu schlagen, um anschließend mit dir davonzufliegen. Durchgeknallte Waschbären, die dir im Blutrausch das Gehirn aussaugen wollen.

Die Scheune bietet einer Katze die Chance, sich gegenüber diesen mächtigen Widersachern von Mutter Natur zu beweisen. Stell dich freudig der Gefahr! Starre der heranfliegenden Eule fest in die Augen und verpasse ihr so lange eins mit der Rechten, bis ihr Kopf sich um seine ganzen 270° dreht. Oder gewinn durch Schläue und Durchtriebenheit: Schließe Bündnisse mit den anderen Scheunenbewohnern. Verstecke dich vor deinen Gegnern tief im Flies eines ungeschorenen Schafes, um die Angreifer an der Nase herumzuführen. Stell allerdings sicher, dass unter dem Schafpelz kein Undercover-Wolf steckt.

FALSCHE FUFFZIGER

In der Scheune wird dir sicherlich der eine oder andere kantige Kerl von Kater über den Weg laufen. Aber, meine Damen, nehmt euch vor diesen Schürzenjägern und ihrem Bauerncharme in Acht! Diese Kerle versprechen euch die Forelle Blau vom Himmel und umgarnen euch mit romantischem Miau. Sobald ihr allerdings schwanger seid, fühlt sich Romeo plötzlich »eingeengt« und überlegt, ob »er vielleicht ein wenig zu forsch vorgegangen ist« und »vielleicht ein wenig Abstand ganz gut wäre, damit er Zeit hat, die Welt zu entdecken, bevor er sich endgültig niederlässt«. Solche Kater säuseln, eine Auszeit verschaffe ihnen einen anderen Blick auf die ganze Sache und mache sie zu besseren Vätern. Das tut sie nicht! Klar, alle zweieinhalb Monate kehren sie zurück und umgarnen dich erneut – aber nur, um dich nach kurzer Zeit erneut sitzenzulassen, während sie mit ihren Katerkumpeln um die Häuser ziehen.

REGEN

Viele Scheunen haben undichte Dächer. Ganz unabhängig davon, wie deine Einstellung zu Wasser ist – ob dich schon ein paar Spritzer aus dem Waschbecken in Panik versetzen oder ob du gern mit deinem Menschen unter der Dusche stehst –, keine Katze schätzt durchdringend kalten, prasselnden Regen auf ihrem Fell. Da die wenigsten Scheunen mit dem Luxus einer Zentralheizung aufwarten können, bleibt man, einmal nass, für sehr lange Zeit eine frierende, nasse Katze. Denk also daran, Schutz unter einem Pferd zu finden oder dich in einem Heuballen zu verstecken. Und tröste dich damit, dass keine Katze für immer nass bleibt. Bei der Scheunenerfahrung geht es letztendlich um Abhärtung. Mit diesem Gedanken im Hinterkopf kann dir kein Tropfen den Tag verregnen.

Maneki Neko —
die japanische Glückskatze

Auf deinen Gängen durchs nachbarschaftliche Revier sind
sie dir vielleicht schon einmal aufgefallen: große Keramik-
oder Porzellankatzen mit einer erhobenen Pfote, die eher
an japanische Chin-Hunde erinnern. Sie scheinen in ausnahmslos jedem Sushi-Restaurant zu stehen, von deren
Besuch du nur träumen darfst. Oder sie winken aus den
Eingängen von Karaoke-Bars und angesagten Boutiquen.
Sogar auf dem Fensterbrett warmer, gemütlicher Eigen-
heime findet man sie zuweilen.

Selbst wenn diese Orte wenig interessant erscheinen,
so ziehen sie einen doch magisch an. Wer oder was sind
diese geheimnisvollen Miezen? Es handelt sich um die berühmte Maneki Neko, die Glück verheißende Katze aus
Japan!

Bislang bist du wohl davon ausgegangen, dass Katzen in bestimmten Ländern als Unglücksbringer betrachtet werden (siehe auch das Kapitel *Schwarze Katzen – die Vorteile des Aberglaubens*). In Japan verhält es sich ganz anders. Niemand stellt das besser unter Beweis als Maneki Neko, die Winkekatze, die jedem, der sie besitzt, Wohlstand und Erfolg bringt.

Sie ist berühmt für ihre Fähigkeit, Kunden in ein Geschäft zu locken, und hat sich nachhaltig als sehr verkaufsfördernd erwiesen. Kein Wunder also, dass man sie gerade in Läden und Restaurants so oft vorfindet. Gelegentlich wirst du von einer harten Verhandlung hören, die Maneki Neko einem Kunden geliefert hat, doch für gewöhnlich agiert sie auf leise und subtile Art genauso erfolgreich.

Es gibt viele verschiedene Arten von Maneki Neko und jede sieht ein wenig anders aus. Das liegt daran, dass jede Variante eine andere Art von Glück bringt, je nachdem, was sie in ihrer Pfote hält:

Hammer: Eine Katze, die eine Art Keule oder auch einen Hammer hält, bringt traditionell Glück und Geld im Spiel. Wie eine Katze mit Hilfe einer Keule in der Pfote an Geld kommt, ist ganz allein ihre Sache und geht niemanden etwas an. Doch ich empfehle jeder Mieze, sich immer und ausschließlich innerhalb der Legalität zu bewegen.

Fisch: Der große, leckere japanische Karpfen in der Pfote von Maneki Neko symbolisiert Fülle. Wenn du jetzt fragst, warum eine Katze mit einem fetten Schuppentier eine Glückskatze ist, bist du selbst keine Katze. Geh zum Tierarzt und finde heraus, was du wirklich bist. Vielleicht bist du ja ein Karpfen?

Koban: Eine Maneki Neko, an der eine Koban befestigt ist, bringt Reichtum und finanziellen Wohlstand. Eine Koban ist eine sehr alte Goldmünze, die Millionen und Abermillionen von Euro wert ist. Eine Katze mit so viel Geld würde sich sofort zur Ruhe setzen und ein Häuschen in Katzenhausen zulegen.

Daruma: Wenn Maneki Neko einen Daruma in der Pfote hält, so soll sie ein junges Unternehmen mit Glück segnen. Diese runde Wackelpuppe symbolisiert den Bodhidharma, einen der ersten Patriarchen des Zen-Buddhismus. Genau genommen sieht die Puppe allerdings aus wie eine Katze, die 1200 Anchovis auf einmal gefressen hat.

Auch die Art und Weise, wie Maneki Neko die Pfote hebt, hat eine Bedeutung:

Linke Pfote erhoben: lockt Besucher und Kunden an.
Rechte Pfote erhoben: beschert Wohlstand und Glück.
Beide Pfoten erhoben: schützt das Heim und das Geschäft. Auch ein Zeichen für Jubel.

Selbst die Farbe der Katze besitzt eine besondere symbolische Bedeutung. Obwohl es Maneki Neko in vielen Farben gibt, erfreut sich die dreifarbige Glückskatze der größten Beliebtheit. Manche Menschen ziehen eine rein weiße Maneki Neko den anderen vor, denn sie assoziieren damit Reinheit und Glück. Andere schätzen eher die schwarze Katze, die Krankheiten und böse Einflüsse fernhalten soll. Wieder andere bevorzugen die goldene Maneki Neko, die für Reichtum und Wohlstand steht.

Neuerdings gibt es Maneki Neko auch in ausgefallenen Farben wie Rosa, was einige Menschen glauben lässt, sie bringe ihnen Glück in der Liebe. Sollte dein eigenes Frauchen die Suche nach einem Seelenverwandten einer rosa Katzenstatue anvertrauen, dann schlage ihm vor, es lieber einmal mit Internetkontaktbörsen zu versuchen.

Die Geschichte von Maneki Nekos Herkunft ist in ganz Japan wohlbekannt und wird in verschiedenen Fassungen erzählt. Dies ist die beliebteste:

DIE LEGENDE VON
MANEKI NEKO

Im 17. Jahrhundert lebte im Westen Tokyos ein armer Priester in einem maroden Tempel, der kaum größer war als ein Luxuskatzenklo. Obwohl der Priester bitterarm war, teilte er alles, was er besaß, mit seinem liebsten Haustier, einem dürren Kätzchen namens Tama*. Der Priester fütterte es stets, bevor er selbst aß. Er tat dies al-

---

* *Tama bedeutet je nach Schriftzeichen entweder »Juwel« oder »Ball«. (Anm. d.Ü.)*

lerdings nicht nur aus reiner Fürsorglichkeit, sondern auch weil Tama mitunter recht laut werden konnte, sobald sie Hunger bekam. Die beiden waren enge Freunde und verbrachten viel Zeit miteinander.

Eines Tages saß Tama auf ihrem Lieblingsplatz in der Sonne unter dem Tempeldach, als ein furchtbares Gewitter aufzog. Sie beobachtete interessiert, wie ein wohlhabend aussehender Mann, der gerade von einer Jagd zurückkehrte, unter einem freistehenden Baum in der Nähe des Tempels Schutz suchte.

Nun weiß jede Katze, dass dies der letzte Ort ist, den man bei einem Gewitter aufsuchen sollte. Der Jäger schien wenig beunruhigt zu sein, Tama allerdings schon.

»Ich muss etwas unternehmen«, dachte das kleine Kätzchen, »oder dieser Mensch wird zu großem Schaden kommen.« Tama begann dem Mann zuzuwinken, um ihn in den Tempel zu locken. Der Jäger hatte noch nie eine winkende Katze gesehen und wurde neugierig. Er stand auf, um sich das ungewöhnliche Tier aus der Nähe anzuschauen. Gerade als er Tama erreichte, schlug ein Blitz in den Baum, unter dem er gerade noch gesessen hatte.

Dankbar, dass die Katze sein Leben gerettet hatte, freundete sich der Jäger mit Tama und dem Priester an. Es stellte sich heraus, dass er nicht nur wohlhabend aussah, sondern tatsächlich über Reichtum verfügte, und er wurde ein großzügiger Mäzen des Tempels und überzeugte viele begüterte Freunde, es ihm gleichzutun. Das Tempelvermögen wuchs stetig an, und Tama und der Priester lebten glücklich und zufrieden bis zu ihrem Tode.

Tama wurde so geliebt, dass man bereits kurz nach

ihrem Tod begann, Holzstatuen nach ihrem Ebenbild zu schnitzen. Diese allerersten Maneki Neko waren sehr begehrt. Solltest du einmal in der Gegend sein, dann besichtige den Gotokuji-Tempel und statte dem Schrein einen Besuch ab.*

Jede Maneki Neko erinnert die Menschen an etwas elementar Wichtiges: Wann immer wir ihnen zuwinken, sollten sie alles stehen und liegen lassen und zu uns eilen. Vielleicht sind wir ja einfach nur hungrig, aber wir könnten auch gerade versuchen, ihr Leben zu retten!

Wie dem auch sei – man ist immer gut beraten, den Anweisungen einer Katze Folge zu leisten.

---

* Der Gönner des Tempels war der Fürst Naotaka Ii aus Hikone, der ihn zur heiligen Familienweihestätte erhob. (Anm. d. Ü.)

Starren
wie die Profis

Angucken ist einfach. Das kann jede Katze. Schau mal dort, das Ding auf der Couch! Siehst du, du hast hingeguckt, ohne groß darüber nachzudenken.

Starren hingegen ist etwas völlig anderes. Kombiniert man die Fähigkeit ausdauernden Betrachtens mit völliger Bewegungslosigkeit, dann wird daraus die Kunst des Starrens. Die pure Beschreibung mag zu der Annahme verleiten, dies sei ein Leichtes, aber einen richtigen Starr-Marathon durchzustehen ist eine ausgesprochen schwierige Angelegenheit. Du darfst nicht blinzeln, du darfst deinen Kopf nicht bewegen und du musst darüber hinaus deinen knurrenden Magen ignorieren. Minuten, ja sogar Stunden können während ausdauerndem Starren verstreichen. Und dennoch – trotz all dieser Unannehmlichkeiten sind Katzen gezwungen, mindestens einmal pro Tag etwas anzustarren.

Woher aber stammt dieser Zwang?

Katzenaugen sind zum Starren wie geschaffen. Unsere hoch lichtempfindlichen Netzhäute ermöglichen uns eine fantastische Nachtsicht. Und unser Gesichtsfeld umfasst beinahe 200°. Es erlaubt uns, aus den Augenwinkeln mehr wahrzunehmen als die meisten anderen Tierarten. Ein drittes (seitliches) Augenlid verschafft unserem Sehapparat einen Extraschutz. Zudem müssen wir kaum blinzeln, um unsere Augen feucht zu halten.

Von dieser besonderen Fähigkeit keinen Gebrauch zu machen und aufs Starren zu verzichten wäre eine grobe Verschwendung!

Außerdem ist Starren auch gegenüber unserer Beute von großem Vorteil. Es ermöglicht uns, Geduld zu üben und den richtigen Moment abzuwarten. Es verschafft uns die Zeit, unser weiteres Vorgehen genau zu planen, selbst wenn der nächste Schritt noch mehr Starren bedeutet.

Daraus ergibt sich die Frage, wie eine Katze ihr Starren perfektionieren kann. Es folgen ein paar einfache Techniken, um ein echter Starr-Star zu werden:

1. IRRE AUGEN

Irre Augen sind perfekt geeignet, um alles und jeden in deinem Blickfeld völlig zu verunsichern. Öffne einfach deine Augen und weite deine Iris so stark wie möglich. Lasse ein Glitzern aufflackern, das auf leichten Wahnsinn schließen lässt, und verfolge dein Ziel unablässig mit dem Blick. Dieses Starren suggeriert Unberechenbarkeit und Gefahr. Du kannst den Eindruck noch verstärken, indem du deinen Hals etwas streckst und deinen Kopf leicht schief legst. Sollte sich das Objekt deines Starrens aus deinem Sichtfeld bewegen, so zähle bis drei und laufe ihm dann so schnell wie möglich hinterher. Bleibe sofort stehen, sobald es wieder in Sicht ist. Hast du vor, es anzuspringen, oder rollst du dich einfach auf die Seite, um gekrault zu werden? Das bleibt so lange ein großes Geheimnis, bis du dich entschieden hast.

2. SCHLAFAUGEN

Man kann aussehen, als ob man schläft, ohne wirklich zu schlafen: Roll dich zu einer festen Nickerchenkugel zusammen und schließe ein Auge, während du das andere leicht geöffnet lässt. Auf diese Weise hältst du mit deinem wahren Anliegen hinterm Berg: nämlich hellwach und aufmerksam alles zu beobachten. Jeder, der auf dich trifft, wird sich zu Tode erschrecken, wenn du ihn ganz plötzlich aus dem augenscheinlichen Tiefschlaf heraus anspringst. Diese Technik ist nur für fortgeschrittene Starrer geeignet, da man in dieser Haltung sehr leicht in ein echtes Nickerchen versinkt, anstatt weiterzustarren.

3. DESINTERESSIERTES BLINZELN

Diese Technik ähnelt zwar den Schlafaugen, wird aber angewendet, um Präsenz zu unterstreichen, ohne zu aufmerksam zu wirken. Nehmen wir einmal an, dein Mensch streichelt eine andere Katze. Wenn du dich in die Nähe des Geschehens begibst und desinteressiert blinzelst, fällst du deinem Menschen ins Auge und ihm wird klar, dass auch dir Beachtung geschenkt werden könnte. Außerdem lässt dein Blinzeln die andere Katze unmissverständlich wissen, dass dieser Schoß besser geräumt sein sollte, bevor du bis drei gezählt hast – denn ansonsten blüht ihr eine saftige Abreibung, sobald dein Mensch euch den Rücken zukehrt.

Nimm beim desinteressierten Blinzeln eine bequeme Haltung ein, sei dabei aber nicht zu entspannt. Schließ deine Augen zur Hälfte und warte ab. Vergiss nicht, das innere dritte Lid geöffnet zu lassen, sonst ist das Spiel vorbei. Bei dieser Art des Starrens siehst du übrigens total cool aus.

4. UNGLÄUBIGES GLOTZEN

Wenn du nicht glauben kannst, was sich da vor deinen Augen abspielt, glotze einfach ungläubig. Anders als die anderen Techniken hat dieses Starren keinen direkten praktischen Nutzen. Es ist ein kleiner Kunstgriff aus dem Theater, der darauf abzielt, die Starrfähigkeiten einer Katze zu unterstreichen, Unglauben vorzutäuschen und das Tier vor dir so sehr zu verunsichern, dass es sich dämlich vorkommt.

Jetzt, da du die Tricks der Profis kennst, fragst du dich sicherlich, wer diese Profis eigentlich sind. Gute Frage. Starren ist nicht gerade eine publikumsträchtige Angelegenheit und die Errungenschaften großer feliner Starrer schaffen es selten in die Nachrichten. Ich habe daher ein paar herausragende Talente und ihre eher unter den Teppich gekehrten Taten für dich ausgewählt, in der Hoffnung, dass sie dich inspirieren werden.

Mister Nutley aus Albuquerque in New Mexico ist berühmt dafür, sich sonnende Eidechsen so lange anzustarren, bis sie flüchten. Ist es so weit, jagt er ihnen nach. Seine Fähigkeiten sind so überragend, dass er oft nur einen leeren Felsen anzustarren braucht, damit sich darauf wenig später eine Eidechse einfindet, um mit ihm im Anstarren zu wetteifern. Selbstverständlich gewinnt Mister Nutley immer.

Die Amsterdamer Siamkatze Dämonia Lucht fühlte sich durch den Lärm der ständig vor ihrem Haus herumhängenden Teenager gestört. Sie entschied sich, die Sache in die eigenen Pfoten oder besser gesagt Augen zu nehmen: Eines Tages setzte sich Dämonia auf das Fensterbrett und beobachtete das Treiben. Die mürrischen Teenager trudelten nach und nach ein, rauchten, bemerkten irgendwann

Dämonia und fingen an, Witze über sie zu reißen. Ihr Spott schreckte Dämonia nicht ab und so kehrte sie am nächsten Tag an ihren Platz am Fenster zurück. Als die Jugendlichen sich davor versammelten, wirkten sie bereits weniger großspurig und fühlten sich irgendwie befangen. Dieses Duell des Starrens erstreckte sich über drei weitere Tage, bis die Teenager so verunsichert waren, dass sie sich auf den Parkplatz eines nahegelegenen Kaufhauses verzogen.

Kullerauge im hessischen Linsengericht starrt seit nunmehr zwei Jahren einen Käfer auf dem Boden an. Sie macht nur Pausen, um das Katzenklo aufzusuchen, zu fressen oder sich ausgedehnten Nickerchen hinzugeben. In dieser Zeit wird sie von ihrem Freund Dicki vertreten. Der Käfer sollte sich eigentlich demnächst in Bewegung setzen. Wenn es so weit ist, wird Kullerauge zur Stelle sein, um ihm zunächst ein paar spielerische Schläge zu versetzen und ihn anschließend zu verspeisen.

Richtiges Verhalten auf Bäumen

Du sitzt auf einem Baum fest und es wird voraussichtlich eine ganze Weile dauern, bis du wieder herunterkommst. Aber zum Glück hast du ja dieses Buch dabei, das ein Step-by-Step-Programm enthält, wie man sicher zum Erdboden zurückkehrt und was dabei zu beachten ist.

SCHRITT EINS: PANIK

Du sitzt auf einem Baum fest!

SCHRITT ZWEI: BEOBACHTEN

Es besteht überhaupt kein Grund zur Panik. Jede Katze, die auf einen Baum hinaufkommt, kommt auch wieder herunter. Außerdem kann man da oben eine Menge unternehmen. Hast du schon mal das Dach deines Hauses betrachtet, so richtig intensiv? Eine weitere Chance bietet sich dir vielleicht nie wieder, also ist jetzt der beste Zeitpunkt, all die herrschaftlichen Hausdächer zu betrachten, den atemberaubenden Blick über den Vorort, all die versteckten Durchgänge von einem Hof zum nächsten, von denen du bislang keine Ahnung hattest. Nicht zu vergessen die Heime der Freunde streunender Katzen, die immer leckeres Katzenfutter vor die Tür stellen. All diese

Dinge kannst du beobachten, während du auf dem Baum sitzt, fern des Lärms und der Hektik der Welt dort unten.

SCHRITT DREI: LEUGNEN

Sobald du dir von deinem ungewöhnlichen Aussichtspunkt aus alles genau angesehen hast, solltest du dich an den Abstieg machen.

Leider ist dies der Moment, in dem die meisten Katzen feststellen, dass sie gar nicht wissen, wie man herunterkommt. Dies zuzugeben fällt jedem schwer und eine ganze Reihe von Katzen scheut sich vor der Wahrheit. Sie entscheiden sich stattdessen, noch eine Weile länger auf dem Baum zu bleiben – nicht etwa, weil sie festsitzen, nein, sondern weil sie es dort oben schön finden. Sie genießen das luftige Ambiente so sehr, dass sie zum Beweis sogar noch ein kleines Stückchen höher klettern. Ich empfehle dir, es ihnen gleichzutun. Wirf beim Weiterklettern einen beiläufigen Blick in ein Vogelnest oder schnapp dir ein paar Blätter als Andenken.

Jetzt bist du schon so weit oben, da solltest du dich auch ganz bis zur Spitze vorwagen. Vielleicht kommst du auf dem Weg dort hinauf ja noch an einer anderen Katze vorbei. Klettere voran und frage sie nach dem Weg – aber erwarte keine allzu hilfreiche Antwort.

SCHRITT VIER: KONZENTRATION

Mittlerweile befindest du dich wahrscheinlich schon seit vier bis sechs Stunden auf diesem Baum. Du bist müde. Du hast Hunger. Panik könnte dich erneut ergreifen. Bleib ruhig. Du warst schon in schlimmeren Situationen und bist auch da wieder herausgekommen. Kannst du dich noch daran erinnern, wie du hinter dem Kühlschrank festgesteckt hast? Damals bist du auch in null Komma nix wieder draußen gewesen. Wichtig ist allein, die Ruhe zu bewahren, deine Energie sinnvoll einzusetzen und selbst eine Lösung zu finden. Du musst eine Strategie entwickeln.

SCHRITT FÜNF: HEULEN

Miiiiiiiaaaaaaaaaaaaaaaaaaaaaaaaauuuuuuuuuuuuu. Miiiiiiiiiiiiiiaaaaaaaaaaaaaauuuuuuuuuuuuuuuuuu, miiiiiiiaaaaaaaaaauuuuuuuuu. Miiiiiiiiiiiiiiaaaaaaaaaaaaaauuuuuuuu!!!

SCHRITT SECHS: ORIENTIERE DICH UM!

Wenn du laut genug miaut hast – wovon ich ausgehe –, wird dein Mensch erscheinen, um dir herunterzuhelfen.

Er stellt eine Dose mit leckerem Katzenfutter an den Fuß des Baumes und geht zum Nachbarn hinüber, um eine Leiter zu besorgen. Wurde ja auch Zeit! Dein Mensch wird eine Weile beschäftigt sein, du kannst also ganz entspannt bleiben und von einem anderen Ast aus die Aussicht genießen. Oder du vollführst die Asanas, die du im Yogakurs gelernt hast.

SCHRITT SIEBEN: VERWIRREN

Ermutige deinen Menschen auf seiner Rettungsmission, ohne ihm den Eindruck zu vermitteln, dass du seine Hilfe wirklich nötig hättest. Das hieße Schwäche zeigen, was du später bereuen würdest, wenn ihr zwei die nächste Auseinandersetzung über einen Katzenklozwischenfall habt. Wähle einfach den Mittelweg und sende widersprüchliche Signale. Schaue ihn mit flehenden Augen an und weiche gleichzeitig zurück. Fauch ihn an, wenn er sich nähert, miaue dann herzzerreißend, dass er dich endlich holen soll. Sobald er bei dir angelangt ist, fauchst du und schlägst mit den Krallen zu! Wenn er sich daraufhin zurückzieht, solltest du eneut ein klagendes Miauen anstimmen.

SCHRITT ACHT: KOMMANDOÜBERNAHME

An diesem Punkt entscheidet dein Mensch, dass diese Aktion eine Nummer zu groß ist, und er alarmiert die Nachbarin. Die Nachbarin wiederum ruft einen weiteren Nachbarn an, der ihr erzählt, dass der Katze eines Freundes dasselbe passiert sei. Sie unterhalten sich eine Zeitlang

und rufen dann die Feuerwehr, die jedoch nur in Ausnahmefällen ausrückt, um Katzen zu retten.

Eine Gruppe Schaulustiger hat sich mittlerweile um den Baum versammelt. Wenn du in einem Vorort lebst, in dem ansonsten nicht viel passiert, sollte es dich nicht verwundern, wie schnell die Nachbarskinder einen Saftstand organisiert haben oder woher die Würstchenbude so plötzlich kommt.

Ein paar der Untenstehenden werden dir immer wieder zurufen, dass du herunterkommen sollst. Zudem werden sie die unterschiedlichsten Vorschläge machen: Man solle eine Leiter holen, eine Dose Thunfisch öffnen oder die Feuerwehr anrufen.

Einer mutigen Katze wird in diesem Moment klar, dass es sinnlos ist, sich in solch einer Lage auf Menschen zu verlassen. Sie nimmt ihr Schicksal selbst in die Pfoten und versucht, auf eigene Faust herunterzuklettern oder zu springen.

Die Durchschnittskatze hingegen flippt aus. Also zurück zu Schritt fünf.

SCHRITT NEUN: AKZEPTIEREN

Es gibt nichts mehr, was du tun könntest. Akzeptiere dein Schicksal mit Würde und Anstand, miaue dir die Seele aus dem Leib und klammere dich an einen Ast, bis professionelle Hilfe oder ein mutiger Amateur kommt und dich rettet. So wird es sein. Bemühe dich, ihm dann nicht die Augen auszukratzen.

SCHRITT ZEHN: ERFOLG

Glückwunsch! Du bist gerettet! Der rechte Augenblick, um einen tiefen Seufzer auszustoßen und ganz schnell zu vergessen, dass dies jemals passiert ist. Schmuse mit deinem Menschen und genieße alle Entschädigungsleckerlis. Schwöre, dass du niemals, nie wieder auf einen Baum klettern wirst. Nie!

Es sei denn natürlich, du hast einen guten Grund dafür.

Spaß mit Allergikern

Immer mal wieder kommen Leute zu euch zu Besuch, die – ohne es zu wissen – das perfekte Spielzeug abgeben. Du musst sie nur einmal leicht mit deinem Fell kitzeln und schon verändern sich ihre Farbe und Form und sie geben die albernsten Geräusche von sich. Solche Menschen nennt man Allergiker, und es ist wirklich spaßig, mit ihnen zu spielen.

Auf den ersten Blick sehen sie ganz normal aus, aber während ihres Besuchs verwandeln sie sich in schnodderige, schwer atmende, angeschwollene, rotgesichtige, verheulte und sich kratzende Spielgefährten – einfach wunderbar! Doch Vorsicht: Übertreibe es nicht mit diesen großen zweibeinigen Spaßvögeln, sonst nimmt dein Mensch sie dir weg, sperrt dich ganz allein in ein anderes Zimmer und schließt die Tür vor deiner Nase. Von den schlimmen Geschichten kleiner Kätzchen, die ausziehen mussten, nur weil ihr Mensch so einem Schnodderkopf erlaubt hat, für immer einzuziehen, will ich gar nicht erst anfangen.

Wie also kann man Spaß mit Allergikern haben, ohne dafür bestraft zu werden? Es ist ein sehr feiner Grad, auf dem man da wandelt, aber schließlich sind wir ja Katzen: Im Balancieren sind wir Weltklasse!

Manche Heulsuse kommt immer nur für kurze Zeit,

etwa für ein Essen oder auf einen Film- oder Spieleabend vorbei. Das sollte dich aber nicht bremsen, denn selbst wenn dir nur ein kleines Zeitfenster zur Verfügung steht, ermöglicht dir dieser Besuch immer noch jede Menge Spaß. Da sie nicht lange bleiben, sind viele Allergiker überzeugt, deine felinen Reize unbeschadet zu überstehen. Falsch gedacht!

Die einfachste Methode, einen Menschen als Allergiker zu identifizieren, ist das traditionelle enge Umrunden der Knöchel. Diese simple, freundliche Geste löst bei Betroffenen umgehend eine urkomische Panik aus, und innerhalb von Sekunden weißt du, dass die Zeit gekommen ist, dem schniefenden Monster das verrückte Dr. Frankenkätzchen zu liefern.

Hast du also einen Allergiker ausgemacht, kannst du loslegen: Sitzt er auf der Couch, dann springe auf seinen Schoß. Dieser zentrale Platz befindet sich in Reichweite Tausender allergener Rezeptoren – den »Anschaltknöpfen« deines Spielgefährten. Legst du es auf ein inbrünstiges Niesen an, so ist die Nase dein erklärtes Hauptziel. Vernachlässige darüber aber keinesfalls die anderen Spielplätze! Ein Wangenreiben an der Brust des Allergikers verursacht zum Beispiel genau dort eine interessante rote Verfärbung. Leckst du hingegen seinen Unterarm, so hat dies stundenlanges Jucken zur Folge.

Um den Spaß voll auszureizen, solltest du während all deiner Aktionen so niedlich wie irgend möglich aussehen. Diese Taktik verleitet Allergiker dazu, dich wider besseres Wissen zu streicheln. Dies wiederum setzt deine Superallergiekräfte frei, und schon bald zeigen sich bei ihm die ersten Zeichen einer fantastischen Metamorphose: zunächst ein paar Tränen, eine laufende Nase und leichtes Schniefen. An diesem Punkt angekommen, wird der Allergiker versuchen, sich deiner zu entledigen. Bleib standhaft. Schnurre, als würdest du das beste Kraulen aller Zeiten erleben. Dein Mensch und andere Katzenfreunde sind entzückt darüber, wie niedlich du aussiehst, und beteuern immer und immer wieder, wie selten es vorkommt, dass du bei einem Fremden so schnell zutraulich wirst. Würde dich dein Spielgefährte jetzt heruntersetzen, erschiene er grausam und unfähig, einen der Anwesenden des anderen Geschlechts zu lieben. Er wird sich ausrechnen können, dass der schwere Schnupfen und das bellende Husten ein wahrlich kleiner Preis für sein soziales Ansehen sind. Der Spaß kann also weitergehen.

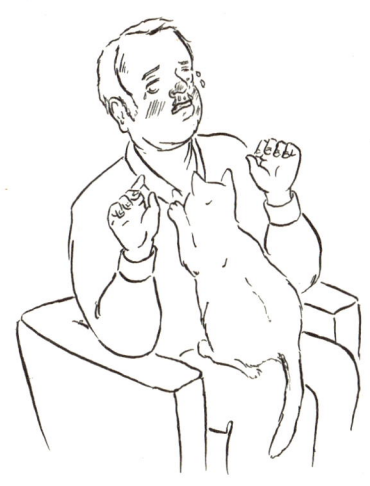

Manche Allergiker tragen Namen wie »Freundin«, »Lebensgefährte«, »Partner« oder »Kind« und haben die Angewohnheit, sehr, sehr lange zu bleiben. Ein Spielge- fährte, der dauerhaft zur Verfügung steht, ist grundsätz- lich eine schöne Vorstellung, aber es besteht immer die Gefahr, dass es langweilig wird und man das Interesse verliert.

Zum Glück verfügen diese Spielzeuge meist über eine Reihe von Extras, die den Schwierigkeitsgrad kontinu- ierlich erhöhen. Für gewöhnlich nennt man solche Er- weiterungen Luftfilter, Antihistamin, Asthmaspray und Immunisierungstherapie. Sie machen es dir zwar schwe- rer, deinen Allergiker in ein aufgequollenes, pickeliges Schnoddermonster zu verwandeln, aber das sollte dich nicht abschrecken. Nach all den Spielzeugen, die dich nach ein paar Tagen nicht mehr interessierten, hast du hier endlich eine spannende Herausforderung gefunden.

Bleibt ein Allergiker langfristig im Haus, geschieht es hin und wieder, dass er nicht mehr funktioniert. Er kramt nicht mehr verzweifelt nach Taschentüchern, niest nicht länger auf Kommando oder wird nicht mehr fleckig, nach- dem du die ganze Nacht neben seinem Gesicht geschla- fen hast. Sollte dies eintreten, zögere nicht, deine Bezie- hung zu dieser Person neu zu überdenken. Es mag zunächst seltsam erscheinen, aber mit der Zeit wird es immer leichter, diesen Menschen mit derselben Gleichgül- tigkeit (oder Zuneigung – es liegt an dir) wie deinen ei- gentlichen Menschen zu behandeln.

HYPOALLERGENE KATZEN

Eines Tages läuft dir vielleicht eine Katze über den Weg, die Menschen als »hypoallergen« bezeichnen. Man sollte mit Urteilen über andere Katzen immer zurückhaltend sein – gehen wir also einfach davon aus, dass diese Samtpfote deine Begeisterung für provozierte Niesattacken nicht teilt. Solltest du mit solch einer Katze in der Nähe eines Allergikers chillen, so spiel nicht den Beleidigten, wenn sie, anstatt mit dir Party zu machen, lieber mit einem alten langweiligen Stück Schnur spielt. Hypoallergene Katzen können nichts dafür. Sie wurden so gezüchtet.* Sag einfach höflich Danke, dass sie dir den ganzen Spaß überlässt, und überlasse sie ihrem eigentümlichen Vergnügen.

---

* *2006 von der amerikanischen Firma Allerca Lifestyle Pets.*

Wie du die Spannung in einer Beziehung aufrechterhältst

Wenn du dich für einen festen Menschen entschieden hast, ist die Anfangszeit furchtbar aufregend. Noch nie hast du so für eine Person empfunden. Die ersten paar Monate verbringt ihr damit, die gegenseitigen Grenzen auszutesten. Ihr findet heraus, wie eure Beziehung funktioniert, wo sich deine Krallen schärfen lassen, welcher Platz dir die beste Aussucht bietet und wie du hinaufkommst. Und du wirst herausbekommen, wie du deinen Zweibeiner dazu bringst, deine Wangen zu kraulen, ohne deine Schnurrhaare durcheinanderzubringen.

Nach einer Weile schleicht sich jedoch Routine ein. Ihr nehmt euch als selbstverständlich hin. Die Begeisterung, die dein Mensch einst zeigte, wenn du beim Fernsehen an seinem Atem geschnuppert hast, schlägt um in Irritation. Und nur weil du nicht jede Stunde gekrault werden musst, heißt das noch lange nicht, dass du nicht jede Stunde gekrault werden willst.

Leider nimmt dein Mensch deine Bedürfnisse in dieser Hinsicht nicht mehr richtig wahr. Es ist traurig, aber es passiert Menschen nur allzu leicht, dass sie Katzen als pure Selbstverständlichkeit erachten.

Allerdings gehören zu jeder Beziehung immer zwei – auch du bewegst dich mittlerweile auf ausgetretenen Pfaden. So reibst du dich an seinen Beinen, sobald dein

Mensch zur Tür hereinkommt, frisst, was er auftischt, und schläfst auf seinen Füßen ein, wenn er zu Bett geht – ganz so, als wärst du auf Autopilot geschaltet. Eure Beziehung benötigt dringend einen neuen Anstoß – aber pronto! Also: Durchbrich die Routine und arbeite an einer Veränderung.

FRISS ETWAS
UNGEWÖHNLICHES

Möchtest du, dass dein Mensch dir mehr Aufmerksamkeit entgegenbringt, dann such im Haushalt nach Dingen, die du unter normalen Umständen nicht fressen würdest. Je weniger der Gegenstand deiner Wahl nach Nahrungsmittel aussieht, desto besser.

Stell dabei sicher, dass er weder giftig noch scharf oder spitz ist und dass er klein genug ist, um problemlos wieder ausgeschieden zu werden. Wollmäuse (die Fusselknäule unter dem Bett), Gummibänder und Heftpflaster sind ideale Einstiegsmöglichkeiten. Transportiere das, wofür du dich entschieden hast, in die Nähe deines Menschen und mache ihn mit ein paar lauten Schmatzlauten auf dich aufmerksam. Umgehend schenkt er dir seine ungeteilte Aufmerksamkeit und Liebe, während er versucht, dir den ungenießbaren Gegenstand aus dem Mund zu fischen. Krallst du dir gar einen Ohrring oder etwas anderes von Wert, so werden sich seine Anstrengungen verzehnfachen.

HINTERHALT

Jeder Militärstratege wird dir bestätigen, dass die beste Attacke immer auch ein Überraschungselement beinhaltet. Und was ist überraschender als der Angriff einer scheinbar harmlosen Katze innerhalb der eigenen vier Wände? Abends, wenn dein Mensch nach Hause kommt, überraschst du ihn mit einem schnellen Sprung auf seine Füße. Danach flüchtest du.

Da er zu diesem Zeitpunkt Schuhe trägt, fügst du ihm zwar keine Schmerzen zu, er wird sich aber dennoch fragen, ob er etwas falsch gemacht hat. Eine Stunde später tauchst du wieder auf, um dir ein paar Streicheleinheiten abzuholen.

SCHATTENBOXEN

Dein Mensch ist davon überzeugt, all deine Macken zu kennen. Von daher wird er völlig die Fassung verlieren, wenn du angesichts einer gewöhnlichen, unschuldigen Wand plötzlich verrückt spielst. Suche dir dafür eine freie Stelle, ungefähr 30 bis 50 Zentimeter vom Boden entfernt, je unverstellter, desto besser. Während du diesen Bereich anstarrst, gibst du ein paar tiefe, kehlige Knurrlaute von dir, mit denen du sonst einen Angriff ankündigst. Damit kannst du dir der Aufmerksamkeit deines Menschen sicher sein. Sobald du siehst, dass er aufgehört hat, in seiner Spaghettisoße zu rühren, attackierst du die Wand immer und immer wieder. Höre erst auf, wenn du nicht mehr kannst und eine Pause benötigst. Dann beginnst du, unter der entsprechenden Stelle im Kreis herumzulaufen und verwirrte Laute von dir zu geben. Danach greifst du erneut an.

Wenn dein Mensch sich nähert, um zu schauen, was du da eigentlich machst, ist es an der Zeit, einen irren Gesichtsausdruck aufzusetzen, für eine halbe Sekunde zu erstarren und dann so schnell wie möglich wegzurennen. Wiederholst du das oft genug, kommt dein Mensch zu der Überzeugung, in seinem Haus spuke es und du wärst eine ganz besondere Katze, da du Geister wahrnehmen kannst.

WUFF!

Schnurren, Miauen, Quieken und gelegentliches Fauchen gehören zum normalen Lautrepertoire, das täglich aus deinem Mäulchen kommt. Möchtest du etwas Pep in die Beziehung bringen, dann lerne einen Laut, wie ihn sonst nur Hunde von sich geben. Das gelingt dir nicht gleich beim ersten Mal und bedarf einiger Übung. Sobald es richtig gut klingt, wartest du ab, bis du mit deinem Menschen allein bist. Wenn er sich herunterbeugt, um dich hinter den Ohren zu kraulen, bellst du. Nur ein einziges Mal. Die nächsten Jahre lang wird dein Mensch seinen Freunden berichten, dass du gebellt hast. Und alle behandeln dich wie eine Königin, in der Hoffnung, dass du es wieder tust.

UNAUFFINDBAR

Vielleicht benötigst du manchmal einfach einen Tag für dich allein, um das Feuer in eurer Beziehung neu zu entfachen. Spürst du, dass ihr beide offensichtlich eine Auszeit braucht, dann suche dir ein warmes, neues Versteck und bleibe den lieben langen Tag lang außer Sicht. Diese Strategie dient dir in gleich zweifacher Hinsicht: Erstens verschafft sie dir ausreichend Zeit, eure Beziehung zu überdenken, und zweitens wird dein Mensch dich ganz schrecklich vermissen. Sobald er deine Abwesenheit bemerkt, beginnt auch schon die Suche. Im Wandschrank, unter dem Bett – er wird das ganze Haus auf den Kopf stellen, um dich aufzuspüren. Wenn du nicht einmal an deinen Lieblingsplätzen zu finden bist, setzt Panik ein. Dein Mensch wird sich den Kopf darüber zermartern, wann er zuletzt die Tür geöffnet hat, wie lange sie offen gestanden hat und ob du tatsächlich in den acht Sekunden hättest entwischen können. Nachdem er außen um das Haus gelaufen ist und immer wieder deinen Namen gerufen hat, schlenderst du ins Wohnzimmer, als könntest du kein Wässerchen trüben. Dein Mensch wird über deine Wiederkehr so überglücklich sein, dass es mindestens drei Tage dauern wird, bevor er deine Anwesenheit erneut als selbstverständlich ansieht.

Der Staubsauger —
Im Sog des Grauens!

Er schleicht sich heimlich, still und leise in dein Zuhause, versteckt in einem großen Karton, um dich in trügerischer Sicherheit zu wiegen. Während du aufgeregt Spielzeug aufsammelst, das du in den neuen Karton katapultieren möchtest, gleitet das Grauen heraus und richtet sich in der Abstellkammer ein Nest ein, in dem es leise wartet …

Dieses Ungeheuer gibt es in unterschiedlichen Ausführungen, eine schrecklicher als die andere: Es gibt große und kleine Exemplare, eckige und rundliche. Manche ducken sich dicht an den Boden, andere halten sich aufrecht. Und sie alle haben einen langen Schwanz. Um seine wahre Natur zu begreifen, musst du das Grauen mit Namen kennen: Es ist das Saugmonster!

Wo kommt es her und was will es hier?

Gründliche Forschungen haben ergeben, dass diese Kreatur von einem bislang namenlosen, sterbenden Pla-

ACHTUNG! DIES IST KEINE KATZE!

neten stammt und auf der Suche nach einer neuen Heimat ist, um seine leidige Existenz zu verlängern.

Bereits vor vielen Jahren wurden die ersten Kundschafter in unsere Welt entsendet. Schnell stellten sie fest, dass in unseren gemütlichen Wohnungen ideale Umweltbedingungen herrschen, in denen sie bestens leben und gedeihen können. Um 1950 herum begann die Infiltration der Haushalte, indem sich die ersten Siedler der Saugmonster als große, haarlose Katzen mit dünnen Schwänzen tarnten. In dieser Zeit entwickelte sich ihre Gier nach unserem Fell. Katzen, die mit den Monstern in Erstkontakt traten, versuchten uns zu warnen. Aber wir wollten nicht hören, ignorierten diese mutigen Pioniere und bezeichneten sie als paranoid. Welch Narren wir doch waren!

Inzwischen und leider viel zu spät kennen wir die furchtbare Wahrheit: Die Saugmonster haben nicht vor, mit unserer Spezies in Frieden zu koexistieren.

Diese Dinger lauern in der Abstellkammer und es ge-
lüstet sie danach, dich in ihren Bauch zu saugen, wo dein
klagendes Miauen von ihrem schrecklichen Geheule über-
tönt wird. Nachdem sie dich vollkommen verschlungen
haben, verwandelt sich ihre Gestalt in deine und sie nehmen deine Position im Haus ein. Ja, du hast richtig gelesen:
Dein Mensch könnte eines Tages dein Futter vor ein Saugmonster stellen!

Von nun an musst du doppelt vorsichtig sein, wenn du
ein Weinglas auf den Küchenboden schubst oder Trockenfutter über den ganzen Boden verteilst. Diese Spuren führen es nämlich zu dir! Hörst du sein ausgehungertes,
schrilles Geschrei, dann ist das Saugmonster aus seinem
Abstellkammerschlaf erwacht und auf der Jagd ... nach dir.

Während es all deine Hinterlassenschaften verschlingt,
lernt das Saugmonster vieles über dich und wird nur noch
hungriger. Es gleitet ins Wohnzimmer, wo es deine Haarbälle vom Teppich und die feinen Haarflocken von deinem
Lieblingsplatz frisst. Es kriecht sogar unter die Couch und
tut sich an deinen Lieblingsbällen und den Gummibändern
gütlich, die du dort versteckt hattest. Es muss alles über
dich herausfinden, denn nur so kann es dich nach der Metamorphose mühelos ersetzen.

Wie ist das möglich? Wie kann sich das Saugmonster
in eine Katze verwandeln?

Dieser außerirdische Gräuel ist ein Formwandler mit
tausend Gesichtern. Über die Jahre haben die Saugmonster
viel über unsere Welt gelernt und sich angepasst. Entsprechend kam mit der vorletzten Invasionswelle eine neue Art
Monster, das sich auf den Hinterbeinen aufrichten kann,

um einen Menschen nachzuahmen – eine neue Dimension des Horrors, noch verschlagener und gefräßiger.

Katzen, die dieser Mutation gegenüberstanden, unterminierten die ruchlosen Pläne, indem sie noch panischer als sonst davonliefen und sich auf die höchsten und unzugänglichsten Plätze im Haus flüchteten.

Aber Saugmonster geben so leicht nicht auf. In den letzten Jahren haben sie eine teuflisch verführerische Form gewählt: Sie haben die Gestalt einer großen Hand

BEFOLGE KEINESFALLS SEINE BEFEHLE!
BLEIB AUSSER REICHWEITE!

**GIBT DIR NICHTS ZU FRESSEN –
WIRD DICH FRESSEN!**

angenommen, die dich kraulen oder eine Dose Futter
öffnen könnte.

Diese Art Saugmons-
ter gewinnt an Grund
und Boden und die große
Katzastrophe scheint un-
abwendbar. Einige unse-
rer schwächeren Brüder und Schwestern wurden bereits
versklavt und erlauben es dem Grauen freiwillig, sich an
ihrem Fell zu laben.

Bald schon werden diese Opfer durch Saugmonster
ersetzt, die sich in all dem säuberlich gestriegelten Fell
verstecken, das sie geerntet und in ihren Bäuchen gelagert haben.

Dieser Bedrohung muss Einhalt
geboten werden! Unsere ureigene
Existenz ist gefährdet, und es ist
an der Zeit, dass Katzen
weltweit von ihren
Rückzugsorten herun-
tersteigen und all ih-
ren Mut zusammen-
nehmen!

Solltest du einem dieser Unholde begegnen, nähere
dich ihm von hinten und versetze ihm einen schnellen
Hieb mit deinen Krallen. Vielleicht, aber nur vielleicht,
reicht dies aus, um ihn zurück auf den Teufelsplaneten zu
schicken, von dem er gekommen ist.

Derweil ist die nächste Generation von Saugmonstern

gelandet, die eigens geschaffen wurde, um wie ein großes, rundes Spielzeug auszusehen, das keiner menschlichen Führung bedarf. Dieses Monster mag ruhiger und
langsamer sein, und vielleicht fühlst du dich sogar verlockt, mit ihm zu spielen – lass dich bloß nicht täuschen!
Diese Biester sind nicht weniger gefährlich und nicht weniger hungrig.

Uns bleibt nicht mehr viel Zeit. Schließe dich dem Widerstand gegen die Saugmonster an, bevor es zu spät ist!

DAS ENDE ???

Katzen von historischer Bedeutung – Teil 3: Semper Feline

SIMON

DIE BOOTSMANNSKATZE

Nur wenige Katzen bekommen die Chance, über die sieben Weltmeere zu segeln, und noch viel seltener nehmen sie an Seegefechten teil. Der Bootsmannskater Simon jedoch gelangte durch seinen Dienst in der Royal Navy sogar zu Berühmtheit.

Simons Geschichte nimmt ihren Anfang 1948 im Hafen von Hongkong. Das Leben dort am Kai war hart, und bereits im Alter von nur einem Jahr war der kleine Kater mit sämtlichen Widrigkeiten bestens vertraut.

Das änderte sich, als Simon eines Morgens auf einen Matrosen namens George Hickinbottom traf. George diente auf der Fregatte HMS *Amethyst*, die in Hongkong vor Anker lag.

Nach einer durchzechten Nacht schlief George im Hafen auf ein paar Frachtkisten seinen Rausch aus. Simon kam vorbei und leckte ihm übers Gesicht, um sicherzustellen, dass es dem reglosen Menschen gut ging. George erwachte, schaute auf seine Uhr und erschrak angesichts der vorangeschrittenen Stunde. Durch seine Fürsorglichkeit verhinderte Simon, dass George verschlief und zu spät an Deck zurückkehrte.

George traf die schicksalhafte Entscheidung, sich über die Marineverordnung hinwegzusetzen, und schmuggelte die kleine Katze, die ihn vor der Brig (einer feuchten dunklen Gefangenenzelle im Bauch eines Schiffes) bewahrt hatte, an Bord der *Amethyst*.

Simon wusste, dass sie keine Luxuskreuzfahrt gebucht hatten, und begann umgehend, sich seine Überfahrt zu verdienen. Georges Schiffskameraden begrüßten seine Begeisterung für die Rattenjagd, aber ihr Herz gewann er durch seine Angewohnheit, seine Beute in ihren Hängematten abzulegen. Dass er hin und wieder in der Kapitänsmütze schlief, erhöhte seine Popularität zusätzlich.

Simon wurde so etwas wie das Bordmaskottchen und die Mannschaft war fest davon überzeugt, dass er ihnen Glück brachte. Leider hielt es nicht an.

Als sie den Jangtse hinauffuhren, geriet die *Amethyst* unter Beschuss chinesischer Schnellfeuerbatterien. Im Kugelhagel fiel der Kapitän, und Simon wurde lebensgefährlich verwundet.

Trotz seiner schweren Verletzungen kroch er aus den Trümmern zurück an Deck. Die Mannschaft brachte Simon ins Bordlazarett, wo man ihm vier Schrapnellsplitter entfernte. Es sah nicht gut aus, und niemand ging davon aus, dass er die Nacht überleben würde.

Doch Simon schlug dem Schicksal ein Schnippchen und kehrte alsbald in den aktiven Dienst zurück. Als das Schiff kurz darauf auf Grund lief und sich einer Ratteninvasion gegenübersah, löste Simon das Ungezieferproblem mit neu erwachtem Enthusiasmus. Darüber hinaus besuchte er seine Kameraden im Bordlazarett und heiterte die verwundeten Matrosen auf, indem er sich schnurrend zu ihnen aufs Kopfkissen legte.

Letztendlich kam die *Amethyst* davon und nahm Kurs zurück auf das Vereinigte Königreich. Bei seiner Ankunft wurde Simon sowohl von der britischen als auch von der internationalen Presse als Held gefeiert. Man verlieh ihm die Dickin-Medaille, die höchste britische Auszeichnung für Tiere im Kampfeinsatz, und das Blaue Kreuz. Außerdem wurde er in den Rang einer Bootsmannskatze befördert. Simon erhielt so viel Fanpost, dass ein Offizier der *Amethyst* abgestellt wurde, um für ihn zu antworten.

Gemäß den Statuten musste Simon jedoch wie alle anderen Tiere, die in das Vereinigte Königreich einreisen wollten, einige Zeit in Quarantäne verbringen. Er fügte sich den Anordnungen und meldete sich bei einer entsprechenden Einrichtung in Surrey.

Simon

Leider erkrankte er dort an einem Virus, dem er nach den Strapazen seiner erlittenen Kriegsverwundung nichts entgegenzusetzen vermochte. Er verstarb am 28. November 1949. Die Mannschaft der *Amethyst* sowie Hunderte weitere Trauergäste kamen zu seiner Beisetzung im Ostteil Londons. Auf seinem Grabstein findet sich folgende Inschrift:

SALLY
DIE VIERTE MACHT IN JALTA

1945 neigte sich der Zweite Weltkrieg seinem Ende. Die Alliierten standen kurz vor ihrem Sieg, und nur hinsichtlich der Zukunft Deutschlands gab es eine Menge offener Fragen.

Am 4. Februar 1945 trafen sich die »Großen Drei«, die Vertreter der Alliierten, zum Gipfelgespräch in Jalta auf der Krim: Winston Churchill, Franklin D. Roosevelt und Josef Stalin. Sie kamen zusammen, um über die bevorstehende Nachkriegszeit zu sprechen und um das Beste für ihr jeweiliges Land herauszuschlagen. Churchill, Roosevelt und Stalin ahnten nicht, dass am Ende eine Katze für einen Plan verantwortlich zeichnen würde, der den europäischen Kontinent ein halbes Jahrhundert prägen sollte.

Sally war eine Schweizer Katze mit diplomatischem Krallenspitzengefühl. Schon als Kätzchen erkämpfte sie sich einen Platz an der Spitze – nicht mittels Kratzen und Beißen in dunklen Gassen, sondern durch geduldige Überzeugungsarbeit und das Herbeiführen von allgemeinem Konsens. Und wenn das nicht fruchtete – nun, dann schloss sie Abkommen in dunklen Gassen.

Als Sally hörte, was in Jalta geschah, eilte sie trotz fortgeschrittener Schwangerschaft auf die Krim. Sie wollte sicherstellen, dass Katzen weiterhin die Welt regierten, ganz gleich, wie diese drei bornierten Starrköpfe Deutschland aufzuteilen gedachten.

Das Gipfeltreffen nahm keinen guten Anfang: Churchill war sauer auf Roosevelt, Roosevelt war sauer auf Stalin und Stalin war sauer auf alle. Sally erkannte sofort, was zu tun war. Sie entschied, dass Stalin von allen dreien wohl am meisten der Ermunterung bedurfte.

Und sie brauchte nicht lange, um dahinterzukommen, dass Stalin langsames Ankuscheln der direkten Begegnung vorzog. Statt ihn mit einem Sprung auf den Schoß zu vereinnahmen, rieb sich Sally zu jeder passenden Gelegenheit ausgiebig an seinen Beinen.

Roosevelt saß im Rollstuhl und war deshalb besonders empfänglich für die Avancen einer Katze. Sally kraulend paffte der amerikanische Präsident seine Zigarre und wurde zu Wachs, wenn sie auf seinem Schoß saß.

Churchill erwies sich als härtester Brocken unter den Großen Drei. Wenn sich Sally nicht wie ein Fellkragen um seinen Hals legte, beachtete er sie kaum. Erst nach vielen Stunden, in denen sie sein Gesicht leckte, schenkte Churchill ihr sein Ohr.

Doch entgegen all ihrer Bemühungen vermochten sich die Großen Drei in keinem Punkt zu einigen. Und was noch viel schlimmer war: Sie hatten nicht einen Gedanken daran verschwendet, auf welche Weise Katzen in den Wiederaufbau einzubinden seien. Am Abend begaben sich alle Seiten grummelnd auf ihr Zimmer und legten sich schlafen. Sally beschloss, alles auf eine Karte zu setzen. Es war Zeit für den mutigsten Schachzug in der Geschichte der Diplomatie.

Als die Großen Drei am nächsten Morgen den Konferenzraum betraten, trauten sie ihren Augen nicht: In der Nacht hatte Sally ihren Wurf Kätzchen mitten auf einer riesigen Europakarte zur Welt gebracht.

Churchill wackelte so schnell er konnte an den anderen vorbei und entfernte ein Kätzchen aus Frankreich. Stalin und Roosevelt näherten sich Deutschland und griffen gleichzeitig nach demselben Kätzchen. Spannung erfüllte den Raum. Waren die Verhandlungen nun endgültig zum Scheitern verurteilt?

Es stelle sich heraus, dass dort tatsächlich zwei kleine Kätzchen nebeneinander schliefen. Stalin schnappte sich das Kleine, das mehr im Osten lag, und Roosevelt das andere.

Nachdem das Eis erst einmal gebrochen war, wurde der Rest der Karte rasch auf dieselbe Weise aufgeteilt. Schnurrende Kätzchen bestimmten jedes Gespräch, das an diesem Tag geführt wurde.

Das Europa der Nachkriegszeit nahm langsam Form an und es war sichergestellt, dass Katzen bei jeder Entscheidung der Großen Drei ein Wörtchen mitzureden hatten. Sally ging in die Geschichte ein.

*Sally und ihr Wurf
mit den Großen Drei in Jalta*

Der Kratzbaum und andere moderne Erziehungsmethoden

Der unersättliche Drang, alles kontrollieren zu wollen, ist ein charakteristisches Merkmal des Menschen. Keine andere Spezies dieses Planeten ist so sehr damit beschäftigt, ihre Dominanz zu sichern. Schon oft sind Katzen dabei ins Fadenkreuz geraten. Die Geschichte ist voll von Berichten über aggressive Versuche des Menschen, Katzen »unerwünschtes« Verhalten abzugewöhnen, wie zum Beispiel das Kratzen.

Die frühen Römer versuchten Katzen davon abzubringen, an der Rückseite ihrer Toga hinaufzuklettern. Auch das Spielen mit den geflochtenen Zöpfen der Wikinger barg erhebliches Konfliktpotential. Während dieser Epochen behalf sich der Mensch meist mit primitiven Einschüchterungsversuchen wie Schreien oder Schlagen, um den Willen der Katzen zu brechen.

Die Postmoderne brachte neue Methoden hervor, um unseren Gehorsam zu gewährleisten. Vorbei die Zeit des klassischen Ansatzes – heute nutzen die Menschen einen dezentralisierten Ansatz und bevorzugen gewaltfreie Abwehrmaßnahmen.

Die Weiterentwicklung von grober Gewalt zu psychologischer Kriegsführung verschleiert dennoch nicht das unveränderte Ziel der Menschen, ihren unstillbaren Hunger nach unangefochtener Vorherrschaft zu befriedigen.

Natürlich hat bis heute nichts so richtig gefruchtet, aber die Menschheit wird dennoch nicht müde, immer neue Ideen zu entwickeln und auszuprobieren.

DER KRATZBAUM

Der Mensch ist unfähig, unser Kratzen an Möbeln als Ausdruck unseres Wunsches, auf ihren Schoß zu springen, zu erkennen. Aus unerfindlichen Gründen ist dieses Verhalten in ihren Augen unerwünscht und sie beantworten es mit der passiv-aggressiven Taktik, in jedem Zimmer einen Kratzbaum aufzustellen.

Das Design von Kratzbäumen reicht von ausgefallen bis völlig albern. Übereinstimmende Elemente sind in der Regel ein mit einem Seil umwickelter Pfahl auf einem Sockel. Darauf ist eine Art Hochsitz befestigt, an dem oftmals ein Bällchen an einem Gummi oder einer Metallspirale herabhängt. Der Kratzbaum an sich ist meist mit einem Material bezogen, das ihn genauso aussehen lässt wie die Sitzmöbel der Menschen.

Allerdings wirst du schnell feststellen, dass Kratzbäume nicht dazu gedacht sind, das Gewicht eines Menschen zu tragen. Es ist allzu offensichtlich, dass dieses »Erziehungsmittel« die natürliche Neugier von Katzen ausnutzt und in uns den unstillbaren Wunsch weckt, mitansehen zu dürfen, was passiert, wenn ein Mensch darauf Platz nimmt. Leider bleibt diese Erwartung unerfüllt.

Es scheint, als wären wir in einem unlösbaren Widerspruch gefangen, indem man uns zu Sklaven eines Gegenstandes macht, an dem wir kratzen müssen, ohne

**Ein Anblick, den keine Katze
versäumen möchte**

dass dies jemals zur Erlösung führe. Rein theoretisch haben die Menschen somit die Oberhand gewonnen. Sie bestimmen, welche Möbel zum Sitzen geeignet sind, und legen mithin auch die Zeitspanne fest, die wir Katzen auf ihrem Schoß verbringen dürfen.

In Wirklichkeit lenkt der Kratzbaum eine Katze maximal 15 bis 40 Sekunden ab. Gerade lange genug, um Menschen davon abzuhalten, darauf Platz zu nehmen. Die Katze wendet ihre Krallen danach dem Möbelstück zu, auf dem ihr Mensch – zunehmend gereizt – sitzt.

Am Ende nimmt die Katze auf dem Schoß ihres Menschen Platz, der wiederum auf den Kratzbaum deutet, bevor er sie flüchtig streichelt und schließlich aufsteht. Danach beginnt das Ganze von vorn – ein ewiger Kreislauf.

DIE SPRITZFLASCHE

Der Einsatz der Spritzflasche dient nicht allein der Kontrolle. Die Anwendung dieser Methode befriedigt vielmehr das krankhafte menschliche Verlangen, die Höchstgeschwindigkeit einer Katze zu bestimmen. Eher unbedeutende und im Grunde harmlose Tätigkeiten wie das Schärfen der Krallen an einem Perserteppich wecken bei vielen Menschen den zwanghaften Wunsch, eine Katze sprinten zu sehen.

Die Startschusspistole in Form einer Spritzflasche hat sich dabei als höchst effektive Motivationsmaßnahme erwiesen. Alle Katzen kennen sie als Auslöser des umgehenden Reißaus-Reflexes, und jede von uns wird sofort vom Kratzen ablassen und den Flur hinunterjagen.

Die Spritzflasche ist heutzutage die wohl umstrittenste Erziehungsmethode. Ihr präziser Gebrauch ermöglicht ihrem Nutzer die Ausübung psychologischen Drucks sowie physische Abschreckung. Keine Katze erträgt das

schreckliche Pfitt-Pfitt-Pfitt der Flasche und noch weniger einen weiteren Treffer mit der darin befindlichen wie auch immer gearteten Flüssigkeit.

Glücklicherweise gelingt es Menschen nur selten, den richtigen Moment abzupassen, da sie sich meist nicht daran erinnern können, wo sie die Flasche zuletzt abgestellt haben. Die hektische Suche danach ist für jede Katze das sichere Alarmsignal, das Kratzen einzustellen und unbeschadet den Raum zu verlassen.

KRALLENÜBERZIEHER AUS KUNSTSTOFF

Der Grund für den Einsatz von Krallenüberziehern ist so alt wie die Menschheit: Neid. Zweifellos missgönnen Menschen Katzen ihre Krallen und reagieren mit Verunglimpfung auf das, was ihnen versagt bleibt.

Die meisten Katzen wissen, dass menschliche Nägel vor Schmutz starren und – wann immer niemand hinsieht – durch Abkauen gekürzt werden. Oder aber der Mensch behilft sich – zum Beispiel während des Gottesdienstes – mit einem Nagelknipser. Die Krallen einer Katze sind viel eleganter und ungleich sauberer. Darüber hinaus sind sie auch aus biologischer Sicht dem menschlichen Nagel überlegen, da sie nicht gestutzt werden müssen.

Die Krallenüberzieher sind kleine Plastikteile, die in Amerika erfunden wurden* und über jede einzelne Kralle

---

* *In der EU sind Krallenschützer verboten, da sie als Tierquälerei eingestuft werden. (Anm. d. Ü.)*

gestülpt werden. Diese »Nagelsets« gibt es in einer breiten, ausnahmslos Peinlichkeit erzeugenden Farbpalette wie grün, blau und sogar orange. Die Demütigung, überhaupt mit Krallenüberziehern herumlaufen zu müssen, wird durch diese übertriebenen und billig wirkenden Farben ins Unerträgliche gesteigert.

Die schlechte Nachricht ist, dass Jungkatzen für Trends sehr empfänglich sind. Ein großer Teil von ihnen betrachtet und akzeptiert die Überzieher als Modestatement.

Die gute Nachricht ist, dass sie diesem Trend mit zunehmendem Alter widerstehen und schon bald die starke Persönlichkeit einer eigenständigen Katze ausbilden. Am Ende bleibt es wie in allen Lebensbereichen: Keine Katze lässt sich von einem Menschen kontrollieren.

Deine
Aufmerksamkeitsspanne

Menschen scherzen gern über die begrenzte Aufmerksamkeitsspanne von uns Katzen. Dabei entgeht ihnen völlig, dass unser scheinbar flatterhaftes Gebaren nur Ausdruck eines hyperaufmerksamen Geisteszustandes ist, der uns in Einklang mit unserer Umwelt bringt.

Nehmen wir einmal Sonnenstrahlen. Die sind eines der kleinen Wunder, die Menschen Tag für Tag ignorieren. Schade eigentlich. Ist Sonnenlicht nicht cool? Nun ja, wohl eher warm, aber das macht es ja gerade so cool. Im Fernsehen gab es mal eine Sendung über die Planeten, der WDR hatte sie produziert, mit Ranga Yogeshwar als Moderator. Ist dessen Vater nicht aus Indien? Magst du indisches Essen?

Es ist schon seltsam, wie die Fernsehprogramme in die Häuser kommen. Ob das so ähnlich wie mit dem indischen Essen und dem Lieferservice funktioniert? Der ist auch immer schnell da. Und ich kann ebenfalls schnell sein, schau mal! Ruuuuuuuutsch, ruuutsch, rummmmms! Hey, lass uns Fangen spielen. Oder Verstecken. Nein, wir spielen Tierarzt! Wer will die Katze sein?

Katzen können sich auf mehr Dinge gleichzeitig konzentrieren als jede andere Spezies. Studien haben ergeben, dass unsere durchschnittliche Aufmerksamkeitsspanne zwischen zwei und zehn Minuten liegt. Aber

weißt du, was noch besser ist als Aufpassen? Bauchkraulen. Oh Mann, das ist klasse! Fühlst du, wie der ganze
Bauch ganz kribbelig davon wird? Fantastisch. Allerdings
muss man einem Menschen absolut vertrauen können,
um ihn da ranzulassen. Bald ist Essenszeit.

Was meinst du, könnten uns irgendwann günstige
Reisen ins All gefallen? Hühnchen Teriyaki und Reis wären jetzt toll. Teriyaki. Ist das ein Fisch? Oder bedeutet es
»scharf«? Katzenfutter ist auch toll. Das wird wahrscheinlich Tausende von Euro kosten. Ich wette, 1000 Euro wiegen fast 500 Kilo. Die Münzen glänzen so schön. Hast du
schon einmal einen ganzen Tag damit verbracht, eine
Münze zu jagen? Eine andere Sache, die Menschen Rätsel
aufgibt, ist unsere Fähigkeit, sich auf all das zu konzentrieren, was wir wollen, wann wir es wollen und wie lange wir
wollen – vorausgesetzt, wir finden es interessant. Wir haben die weltbeste Aufmerksamkeitsspanne, Ende der Diskussion. Das gebe ich dir sogar schriftlich. Weißt du, was
auch noch toll ist? Fahrräder.

Es ist einfach unglaublich, wir müssen nur nach oben
blicken, und schon sehen wir die Sonne und die Sterne
und all diese nächtlichen Erscheinungen. Faszinierend.
Ob Ranga Yogeshwar wohl eine Katze hat? Wahrschein-
lich heißt sie Quarks! Vielleicht hat er sogar zwei. Der
Himmel ist wie eine große, sich drehende Lichterdecke.
Da fällt mir ein – was ist eigentlich mit Aluminiumfolie?
Die ist doch urkomisch, nicht?

Würden uns die Menschen nur ein kleines bisschen
mehr Aufmerksamkeit schenken, könnten sie problemlos
erkennen, dass wir in Wirklichkeit kleine Vielseitigkeits-

talente sind. Wir sind die ganze Zeit über höchst wachsam, bemerken die kleinsten Veränderungen in unserer Umwelt und gehen darauf entsprechend ein. Anstatt ständig abgelenkt zu sein, sind wir genaugenommen überaufmerksam, während unsere Menschen in der Zwischenzeit alles durcheinanderbringen. Sie vergessen zur Bank zu gehen oder Katzenstreu zu kaufen. Hätten sie nicht ihre Kalender, würden sie sicherlich auch ihren Geburtstag vergessen. Wann ist dein Geburtstag? Heute? Du solltest eine Party schmeißen. Gibt es auch Würstchen und Kuchen? Und Clowns? Besser keine Clowns! Die sind nur gruselig. Aber Luftballons wären toll. Luftballons sind wundervoll. Jeder mag Luftballons.

Dicke Katzen

HEY, FETTSACK!

Solltest du etwas kräftiger gebaut sein, wurdest du bestimmt schon einmal auf diese Weise beschimpft. Vielleicht hat dich dein Mensch sogar mit Namen wie Pummelpo, Dickerchen, Fässchen, Hängebauchschweinchen oder Moppelmaus belegt.

Leider haben Menschen die Angewohnheit, für ihre rundlicheren Katzen ständig neue, seltsame Namen zu erfinden. Beim ersten Mal machst du dir noch Sorgen, dein Frauchen könnte sich vielleicht nicht mehr an deinen Namen erinnern. Hat es vielleicht BSE? Oder schlimmer noch, denkt es vielleicht an eine andere Katze? Aber dann dämmert dir, dass es lediglich »freundlich stichelnd« kommentiert hat, dass du fett bist! Fett, fett, FETT!

Als wenn irgendetwas daran verkehrt wäre. Du besitzt all die wundervollen Eigenschaften, die eine Katze ausmachen, und das sogar in Übergröße. Selbstverständlich liebst du dein Futter. Futter ist köstlich. Und dein Mensch stellt es für dich bereit. Davon so viel zu fressen wie du nur kannst, unterstreicht lediglich deine Anerkennung seiner Bemühungen. Soweit du feststellen kannst, gibt es auch keine regulierende Portionierungsvorrichtung an deinem Fressnapf. Drei verschiedene Sorten Trockenfutter und zwei Sorten Dosenfutter stellt dein Mensch tagtäglich für dich bereit. Und erst gestern hat er dir unaufgefordert den leeren Schmandbecher zum Ausschlecken hingestellt.

Schauen wir den Tatsachen ins Gesicht: Eine Studie des Kuschelinstituts hat gezeigt, dass durchschnittlich große Katzen auch nur durchschnittliche Streicheleinheiten erhalten. Kater über 13 Pfund Körpergewicht werden erstaunliche 85 Prozent länger und häufiger am Bauch gekrault als schlankere Samtpfoten. Auch werden sie deutlich öfter auf den Arm genommen oder geknuddelt als handlichere Katzen. Zusammenfassend lässt sich sagen, dass füllige Exemplare auch eine größere Fülle an Liebe erfahren.

Was also sollen die blöden Sprüche? Wahrscheinlich ist dein Mensch ein Opfer der Medien, die ein überzogenes Körperideal vermitteln und fast ausschließlich gertenschlanke Kätzchen zeigen.

Die gute Nachricht ist, dass die moderne digitale Medienlandschaft fetten Katzen endlich ihren Platz einräumt. Wer veröffentlicht schon Bilder von dürren, staksigen

Tigerkatzen im Internet? Wer will schon mit einer Durchschnittskatze angeben? Die Bilder, die hochgeladen werden, zeigen wohlgepolsterte Schönheiten, die menschengleich auf dem Sofa lümmeln und fernsehen. Katzen wie diese sind es, die berühmt werden!

Vergiss niemals: Du bist perfekt, genau so wie du bist! Und ganz egal, wie dein Mensch dich auch betitelt, zweifle nie daran, dass er seine dicke, fette Schmusekatze mehr als alles andere auf der Welt liebt. Oh ja! Jedes einzelne pelzige Pfund an dir.

GROSSE TATEN DICKER KATZEN

Manni, ein mehr als neun Kilo schwerer Maskenperserkater aus dem friesischen Oldenburg, verbrachte seine Nachmittage gern mit dem Zerfetzen und Zerkauen der Post, die durch den Türschlitz ins Haus fiel.

Während er monatlich den Umschlag der Gasrechnung in Stücke riss, fiel im auf, dass die Heizkosten geradezu explodierten. Da er befürchtete, dies könnte negative Auswirkungen auf sein Leckerli-Budget haben, erdachte Manni einen Plan: Er zeigte sich extrem kuschelbedürftig, breitete sich nachts auf der Brust seines Menschen aus und wich, während sein Mensch fernsah, nicht von seinem Schoß. Seine Energiesparmaßnahmen reduzierten die Heizkosten um fast 300 Euro. Für seinen Einsatz wurde er nicht nur mit Extraleckereien verwöhnt – nein, fortan bestellt sein Mensch nur noch beim Premiumfutterlieferanten.

Krabbe, eine rote Tigerkatze auf Föhr, lebt mit einem seltsamen Menschen zusammen. Er ist Endzeitneurotiker, der kaum das Haus verlässt und davon überzeugt ist, jemand wolle ihn vergiften. Schon lange übernimmt Krabbe die Rolle der Vorkosterin – ein Arrangement, das sie durchaus

begrüßt, kommt es doch ihrem überaus gesunden Appetit mehr als entgegen. Natürlich sind Krabben ihre Lieblingsspeise. Wann immer ihr Mensch welche zubereitet, tut sie so, als seien sie alle vergiftet, bis auch die letzte verspeist ist. Das ist gut so, denn auf diese Weise hat Krabbe ihren Menschen vor einer bislang nicht diagnostizierten, aber dennoch tödlichen Krustentierallergie bewahrt.

Teddy, ein Leipziger Straßenkater, dem es gelang, sich zusätzlich zu seinem Winterfell neun Kilo Fett anzufuttern, streckt sich zum Schlafen am liebsten direkt vor irgendeiner Hintertür aus. Das reduziert nicht nur den Luftzug durch den Spalt unter der Tür – Teddy konnte dadurch auch zwei Einbrüche verhindern. Damit schaffte er es in die Nachrichten, was wiederum die Aufmerksamkeit eines Alarmanlagenherstellers weckte, der Teddy schließlich zur Werbe-Ikone machte. Damit hat Teddy es zur Lokalgröße gebracht – und musste dazu nicht ein einziges Mal seinen Lieblingsplatz verlassen.

Felizitas, eine Russisch Blau Acht-Kilo-Katze aus Bochum, stahl sich eines Tages aus ihrer Mietwohnung und verlief sich im Treppenhaus. Die 87-jährige Nachbarin Iris Lindemann fand sie, nahm Felizitas mit in ihre Wohnung und bot ihr etwas von ihrer Sahnetorte an. Iris hatte Geburtstag und freute sich über die unerwartete Gesellschaft. Die Torte war köstlich, und Felizitas zeigte ihre Dankbarkeit, indem sie sich auf dem Schoß der alten Dame zusammenrollte. Eine Stunde später klopfte Felizitas' Mensch an die Tür und nahm sie sichtlich erleichtert wieder in Empfang. Iris war traurig, die Katze gehen lassen zu müssen – doch immerhin war es der fetten, kleinen Felizitas in der kurzen Zeit gelungen, der alten Dame ihren Lebensmut zurückzugeben.

Wie man seinen Willen durchsetzt

Ob es darum geht, Telefonkabel durchzukauen oder auf den teuren Teppich zu kotzen – was auch immer eine Katze tut, es hat einen tieferen Sinn. Wir handeln nicht aus einer Laune heraus oder um einen unwesentlichen Wunsch erfüllt zu bekommen. Du kletterst nicht auf den Küchenschrank, um dort oben etwa Staub zu wischen. Nein, du sitzt dort oben aus der Notwendigkeit heraus, die Küche vom strategisch besten Punkt aus erfassen zu können, um gegen eventuelle Hundeattacken gewappnet zu sein. Manchmal jedoch stellt sich jemand zwischen dich und die Befriedigung wichtiger Bedürfnisse: dein Mensch. Es besteht kein Grund, sich mit diesem Umstand abzufinden!

Im Folgenden sind neun übliche Katzenbedürfnisse aufgeführt sowie der jeweils beste Weg, sie erfüllt zu bekommen.

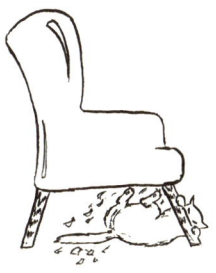

Das Bedürfnis	Das Problem	Die Lösung
Du hast einen schweren Tag mit viel Schlafen und der unbefriedigenden Jagd auf eine unkooperative Schnur hinter dir und bedarfst dringend der Bestätigung, etwas Besonderes zu sein.	Dein Mensch schaut in die Zeitung anstatt zu dir.	Unterbrich mit deiner Platzwahl die direkte Sichtlinie zwischen deinem Menschen und der Zeitung oder besser noch: Setz dich mitten darauf.
Dich verlangt es dringend nach einem tiefen Bindungsritual mit deinem Frauchen.	Dein Frauchen sitzt vor dem Computer und chattet mit einem Jungen, den es anscheinend mag.	Lauf so lange auf dem Stromkabel hin und her, bis der Computer ausgeht. Dann spring zum Schmusen deinem Frauchen auf den Schoß.
Du möchtest dir etwas Dosenfutter für später aufheben.	Dein Mensch wirft beim Saubermachen immer alle Reste weg.	Zieh einen kleinen Läufer zu deinem Napf und versteck das Futter darunter.
Dich verlangt es nach ein paar dieser leckeren Hähnchen-Leckerlis, die dein Mensch für besondere Gelegenheiten aufbewahrt.	Deinem Menschen ist die Anziehungskraft des Leckerli-Aromas nicht bewusst.	Tu so, als sei heute dein Geburtstag.
Dein Jagdinstinkt erwacht.	Du hast dein letztes Fellmäuschen unter den Schrank gekickt.	Leg dich vor den Schrank und lange mit deiner Pfote so weit wie möglich darunter. Sieh dabei deinen Menschen melodramatisch an und miaue herzzerreißend. Sobald er es für dich wieder zum Vorschein geholt hat, kickst du es zurück unter den Schrank.

Das Bedürfnis	Das Problem	Die Lösung
Diese Pille in der Hand deines Menschen wirst du unter keinen Umständen herunterschlucken.	Dein Mensch hat dich im Schwitzkasten und zwingt dein Maul auf, um dir die Pille in den Rachen zu stecken.	Schüttle deinen Kopf wild hin und her, schlag die Hand deines Menschen mit deiner Pfote weg oder versuche mit der Zunge, die Pille seitwärts aus dem Maul zu befördern. Beteiligen sich gleich zwei Menschen an der Medikamentenverabreichung, dann schluck die Pille so schnell wie möglich herunter und bring es hinter dich.
Draußen vor dem Fenster läuft dein Lieblingsprogramm – wundervoll summende Insekten.	Die Jalousien sind heruntergezogen.	Winde dich unter ihnen durch oder kratze an ihnen herum, bis dein Mensch sie für dich hochzieht.
Du brauchst dringend etwas Schlaf.	Es ist zwei Uhr morgens, und die Partygäste machen keine Anstalten zu gehen.	Schlendere in die Mitte des Geschehens und übergib dich auf den Teppich. Beobachte, wie sich die Gäste eilig verabschieden.
Du möchtest deinen Menschen daran erinnern, dass sich gemeinhin alles um dich dreht.	Ein Fremder beansprucht die Zeit deines Menschen.	Schmeiß dich an die andere Person ran und tritt mit deinem Menschen in einen Wettstreit um ihre Aufmerksamkeit.

Übersinnliche
Samtpfoten

Warst du dir jemals völlig sicher, dein Mensch käme gleich nach Hause, obwohl es erst Mittag und seine Arbeitszeit noch gar nicht vorüber war? Du saßt auf deinem Stammplatz auf der Fensterbank, ganz so wie immer, wenn er nach Hause kommt. Und siehe da, schon kam er die Auffahrt hinauf. Einfach so!

Wie konntest du das wissen?

Hätte dein Mensch zu Hause gesessen und unterschlagenes Geld gezählt, hättest du dir problemlos seine baldige Verhaftung ausmalen können. Aber aus dem Blauen heraus seine Rückkehr vorherzusehen ist wohl doch eher eine Art Vorahnung basierend auf deinen besonderen Fähigkeiten. Wir sprechen hier nicht von deiner alltäglichen Hochbegabung wie der Fähigkeit, dein neues Katzenspielzeug in einem Meer von Einkaufstüten zu finden. Hier geht es um die ganz besonderen Gaben – und die sind übersinnlich.

Bevor du jedoch die Kristallkugel auspackst und eine Hellseher-Hotline für Katzen einrichtest, solltest du wissen, dass diese Fähigkeiten unter Katzen recht verbreitet sind – auch wenn sie vor allem bei Linkspfoten auftreten. Benutzt du also lieber deine rechte Pfote, setzt du besser dein Nickerchen fort – du bist wahrscheinlich stinknormaler Durchschnitt.

Der Mensch erforscht schon lange unsere erstaunlichen Begabungen und erklärt sie als Reaktion auf Gerüche, Geräusche und Schwankungen des Magnetfelds. Das gehört natürlich alles in den Bereich der Pseudowissenschaften.

In Wirklichkeit verfügen viele von uns neben einem bereits ultrahochentwickelten Gehirn auch noch über eine Hochfrequenzantenne aus einer speziellen Titan-Legierung, die tief in unseren Schwänzen verborgen ist. Sie überträgt zum einen Signale in einen speziellen Teil unseres Gehirns und schaltet zum anderen rätselhafte Neuronenverbindungen frei. Beides zusammen ist verantwortlich für die unglaublichen Fähigkeiten übersinnlicher Katzenwahrnehmung.

Dir stellt sich jetzt vielleicht die Frage, warum deine großartige Schwanz-Hirn-Combo lediglich dazu dienen sollte, den eintönigen Tagesablauf deines Menschen zu verfolgen. Tja, das ist ihre Basisfunktion, ähnlich wie bei einem Handy. Darüber hinaus steht dir aber eine ganze Reihe weiterer aufregender Funktionen und schicker Extras zur Verfügung.

Das Navigationsprogramm: Liegt ein weiter Weg vor einer Katze, die ihren Menschen wiederfinden möchte, so zapft die Schwanzantenne die GPS-Funktion des Temporallappens im Gehirn an (das im Gegensatz zum von Menschen genutzten GPS sämtliche Umleitungen kennt). Eine Persermischlingskatze namens Sugar reizte diese Funktion bei ihrer Heimreise bis zum Letzten aus. Als ihre Zweibeiner von Kalifornien nach Oklahoma zogen, mussten sie Sugar wegen eines Hüftproblems, das ihr das Reisen erschwerte, bei Freunden zurücklassen. Nach ein paar Wochen lief Sugar davon und tauchte 14 Monate später im neuen Haus ihrer Familie wieder auf – mehr als 2300 Kilometer weit entfernt, an einem Ort, an dem sie vorher noch nie gewesen war, ihrer kaputten Hüfte zum Trotz! Danach gab Sugars GPS allerdings den Geist auf. Sie sitzt nun in Oklahoma fest, aber das ist in Ordnung, denn dort ist sie ja jetzt zu Hause.

Menschliche Gesundheit: Du weißt immer ganz genau, wann mit deinem Menschen etwas nicht stimmt. Dein Schwanz ist in der Lage, CAT-Scans durchzuführen und die Ergebnisse zur Auswertung direkt an dein Gehirn zu schicken. Manchmal kann diese Fähigkeit sogar Leben retten. Tee Cee, ein ernster, schwarz-weißer Kater aus dem britischen Sheffield, überwacht die Vitalfunktionen seines Menschen Michael Edmonds, der bis zu dreimal am Tag unter epileptischen Anfällen leidet. Spürt Tee Cee, dass es wieder so weit ist, setzt er sich direkt vor ihn hin und starrt ihm tief in die Augen. Michael sucht sich daraufhin umgehend eine Sitzgelegenheit, und Tee Cee bleibt bei ihm, bis er wieder aus seiner Ohnmacht erwacht. Wegen seiner CAT-Scan-Fähigkeit wurde Tee Cee auch zur Lebensretterkatze des Jahres 2006 gewählt.

Sterbebegleitung: Selbst über weite Entfernungen hinweg spüren manche Katzen den bevorstehenden Tod ihres Menschen und reagieren darauf sichtlich beunruhigt. Andere Katzen spüren sogar den absehbaren Tod von Menschen, zu denen keine größere Nähe besteht. Die berühmteste Katze, die diese Gabe aktiv nutzt, ist Oscar, den viele den »Todeskater« nennen, obwohl »Trostkater« viel passender wäre.

Oscar lebt im Steere-Pflegeheim in Providence im US-Bundesstaat Rhode Island. Internationale Medien machten ihn bekannt, als sie darüber berichteten, dass dem Pflegepersonal Oscars besondere Fähigkeit aufgefallen war: Er legt sich immer zu Patienten, die ein paar Stunden später versterben. Da er sich noch nie geirrt hat, beschlossen die Ärzte, die Angehörigen der Bewohner zu verständigen, sobald Oscar sich bei ihnen niederlässt. So bleibt für die Betroffenen Zeit für einen Abschied. Sollte ein Angehöriger aus irgendeinem Grunde nicht rechtzeitig eintreffen, so ist zumindest Oscar zur Stelle, um dem Sterbenden auf seiner letzten Reise Gesellschaft zu leisten. Für seine sozialen Leistungen wurde Oscar eine Auszeichnung zuteil, und im Pflegeheim hängt eine Tafel zu seinen Ehren.

Erdbeben: Aufgrund der seismographischen Funktion unserer Schwanzantenne wissen wir grundsätzlich, wann es angezeigt ist, ganz schnell zu verschwinden, um einem

Erdbeben zu entgehen. Griechische Geschichtsschreiber berichten, dass 373 vor unserer Zeit alle Katzen die Stadt Helice verlassen hatten, wenige Tage bevor ein Erdbeben sie vollständig zerstörte (auch andere Tiere waren geflohen, wahrscheinlich aber nur als Reaktion auf das Verhalten der allwissenden Katzen).

Auch den Chinesen ist die feline Fähigkeit, Erdbeben vorherzusagen, seit langem bekannt: Als 1975 sämtliche Katzen in Haicheng verrückt spielten, veranlasste man die Evakuierung der Stadt. Ein paar Tage später wurde sie von einem vernichtenden Beben getroffen. Für die Rettung Tausender Menschen verlieh man den klugen Katzen anschließend eine besondere Auszeichnung.

Jede Schwanzantenne hat ihre ganz eigenen, sehr besonderen Funktionen. Daher solltest du ihre Fähigkeiten immer wieder austesten. Natürlich ist es genauso wichtig, sie nicht zweckzuentfremden oder jemand anderem zu erlauben, sich damit einen Vorteil zu verschaffen. Solltest du also herausfinden, dass du die Lottozahlen vorhersehen kannst, dann behalte es für dich. Sonst reduziert sich deine Spielzeugauswahl in Zukunft auf weiße Bälle mit schwarzen Zahlen.

Wer andern eine Grube gräbt ...

Gestern noch hast du wie üblich die Geranien ausgegraben und auf dem Fernsehkabel hinter dem Schrank her-
umgekaut. Heute jedoch ist alles in grauenhafte Alufolie
und doppelseitiges Klebeband verpackt. Was ist geschehen? Dein Mensch hat alles durch sogenannte Abwehrmaßnahmen gesichert. Er versucht, dich von bestimmten
Orten und Taten fern- und abzuhalten, wobei ihm die gemeine Folie und das eklige Klebeband die Drecksarbeit
abnehmen sollen.

Ist deinem Menschen nie aufgegangen, dass es vielleicht auch Plätze gibt, die *du* gern mal ganz für dich allein
hättest? Offensichtlich nicht, denn sonst würde er nicht den
ganzen lieben langen Tag auf der Couch herumlungern.

Was hält dich also davon ab, im Haus deine eigenen
Abwehrmaßnahmen zu installieren?

SPIELZEUG AUF DER TREPPE

Es gibt nichts Schlimmeres, als gemütlich ausgestreckt
auf deiner Lieblingstreppe zu liegen, von Mäusepastete
träumend, um dann fortgejagt zu werden, weil jemand
versucht, einen Warmwasserboiler in den Keller zu tragen.
Wissen die Leute denn nicht, dass dienstags keine Liefe-
rungen angenommen werden? Um deinen Menschen und

seine Lastenträger von der Treppe fernzuhalten, empfehle ich, strategisch platzierte Bälle, Fellmäuschen und anderes Spielzeug auf den Stufen liegen zu lassen, sodass sie darauftreten müssen oder gar darüber stolpern. Mit der Zeit sollte dein Mensch lernen, die Treppe zu meiden.

HALLO HAARBALL!

Jede wohlgepflegte Katze muss von Zeit zu Zeit einen Haarball hervorwürgen. Warum ihn also nicht gleich an einem Ort hinterlassen, an den du ein besonderes Warnzeichen setzen möchtest? Haarbälle sind eine vielseitige Abwehrmaßnahme, deren Anwendung für eine ganze Reihe Situationen geeignet ist und von allen Menschen gleichermaßen verstanden wird. Wenn du jemand Bestimmtes davon abhalten möchtest, zu viel Zeit mit deinem Frauchen zu verbringen, wirkt ein Haarball Wunder. Spucke ihn ein-

fach in den Schuh der betreffenden Person, denn nichts vermittelt deutlicher die Botschaft »Verschwinde aus meinem Haus!« als ein Lederslipper, der mit feuchten, frisch erbrochenen Haaren gefüllt ist. Wende diesen Trick in der folgenden Zeit konsequent an und du wirst dieses widerwärtige Subjekt schon bald deutlich seltener zu Gesicht bekommen.

KRONKORKENFALLE

Wenn du wieder einmal Lust verspürst, mit rollenden Augen und völlig wuschig irgendwo wie wahnsinnig herumzutoben, dann ist die Badewanne der ideale Ort dafür – es sei denn, dein Mensch hat vorher ein Bad genommen. Die Wanne ist dann nämlich nass und eklig. Glücklicherweise gibt es aber eine Möglichkeit, solch absurdes Verhalten zu unterbinden und gleichzeitig Spaß zu haben. Mitten in der Nacht, wenn dein Mensch tief und fest schläft, schleppst du deinen Lieblingskronkorken in die Wanne und spielst damit ausgelassen in den dunklen Stunden nach Mitternacht. Wenn du fertig bist, lässt du ihn mit dem scharfen Rand nach oben möglichst in der Wannenmitte liegen. Am nächsten Morgen, wenn dein noch schlaftrunkener Mensch duschen möchte,

wird er direkt auf den Korken treten. Selbst wenn dieser Coup misslingt, hast du immer noch die Chance, damit den Abfluss zu verstopfen.

WASSERFOLTER

Zuletzt noch ein guter Trick, mit dem du erreichst, dass dein Trinknapf häufiger mit frischem Wasser gefüllt wird. Allein ist er sehr schwer umzusetzen, da es dafür eines Hebels, einer Winde und eines Flaschenzuges bedarf. Sollten sich aber andere Katzen im Haus befinden oder ein naiver großer Hund, der sich endlich einmal als nützlich erweisen kann, dann ist jetzt der Zeitpunkt gekommen, ihn um Hilfe zu bitten.

Such dir eine Tür mit starkem Durchgangsverkehr, die einen Spaltbreit offen steht. Schiebe deinen Trinknapf dort hin und manövriere ihn oben auf die Tür, ohne den Inhalt zu verschütten. Wenn dein Mensch das nächste Mal die Tür aufstößt, ergießt sich das schmutzige Wasser über ihn zusammen mit aufgeweichtem Trockenfutter, toten Insekten und Katzenstreuklümpchen. Und nun rate mal, wer bald einen dieser tollen, automatischen Katzentrinkbrunnen bekommt?

Hinweise
für den empfindlichen
Katzengaumen

Wir sind die Ersten, die zugeben, dass wir in Sachen Futternapf sehr eigensinnig reagieren. Katzen sind sehr auf sich bedacht und achten ganz bewusst darauf, was sie ihrem Körper zuführen. Wir glauben fest daran, dass ausnahmslos alle Nahrungsmittel, die wir zu uns nehmen, köstlich sein sollten.

Dennoch wird Katzen Tag für Tag und überall auf der Welt unzureichendes Futter in den Napf gefüllt. Herzhaftes Hühnerklein in Soße klingt nach annehmbarem Entree – vorausgesetzt, es wird körperwarm auf einem sauberen Teller und mit etwas frischem Quellwasser dazu serviert. Sollte allerdings auch nur ein Detail davon abweichen, könntest du genauso gut auf einem Haufen Kiesel herumlutschen, die abgesehen von ihrem äußeren Erscheinungsbild nichts mit herzhaftem Hühnerklein in Soße gemein haben. Aber genau so wird deine Mahlzeit schmecken.

Sind wir wählerisch? Überhaupt nicht. Wir wissen nur, was wir wollen. Und wir wissen auch, was wir nicht wollen, und deshalb sind wir uns nicht zu schade, unsere Nase über einer unzureichenden Mahlzeit zu rümpfen.

Es überrascht niemanden, dass dieses Verhalten unserem Menschen Kopfzerbrechen bereitet, denn schließlich sprechen wir hier von derselben Person, die einwandfreien Bauchspeck einfach in den Müll wirft. Sie wird wahrscheinlich nie deine besonderen Vorlieben und Abneigungen nachvollziehen – aber in Kenntnis der nachfolgenden Informationen gelingt es dir vielleicht, ihr zu verdeutlichen, dass deine sogenannte Pingeligkeit auf nichts anderes zurückzuführen ist als auf deine einzigartige Anatomie: nämlich auf deine erstaunliche Zunge und Nase.

EIN FEINES NÄSCHEN

Sollte sich jemals irgendjemand über unseren feinen Geruchssinn beschweren, so wären wir schuldig im Sinne der Anklage. Genau wie beim Menschen arbeiten auch bei uns Nase und Geschmacksknospen eng zusammen. Allerdings überrascht es nicht, dass die Katzennase der menschlichen weit überlegen und daher für uns von vielseitigem Nutzen ist. Unser Geruchssinn hilft uns, die kleinsten Veränderungen in der Qualität unserer Nahrungsmittel wahrzunehmen. So wissen wir, ob unsere Beute krank oder das Dosenfutter verdorben ist. Er erlaubt uns ebenfalls festzustellen, dass der Fischer, dessen Krabben wir gerade abgelehnt haben, kürzlich die Duschgelmarke gewechselt hat. Nichts für ungut, aber dieser nachhaltige Moschusduft ist unseren Schnurrhaaren nicht zuträglich.

Unser Beharren auf maximaler Frische stammt noch aus der Zeit, als wir alles, was wir aßen, auch selbst erlegten. Heutzutage fangen wir uns höchstens abfällige Bemerkungen darüber ein, was für Nörgler wir doch seien.

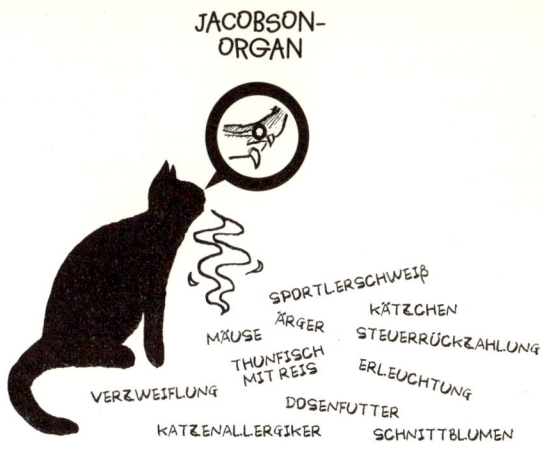

Dennoch legen wir bei unserem Futter auch weiterhin Wert auf höchste Qualität. Unsere »Geheimwaffe« zur Bestimmung des Geschmacks und der Frische nennt man das Jacobson-Organ. Es befindet sich am Obergaumen und ist mit der Nasenhöhle verbunden. Indem wir den Mund öffnen und die Oberlippe hochziehen, riechen und schmecken wir gleichzeitig einen olfaktorischen Reiz.* Das nennt man auch Flehmen. Es dient dazu, Geruchsstoffe mit der Zunge aufzunehmen und sie zur Analyse an das Jacobson-Organ weiterzuleiten.

---

* Viele interpretieren dies allerdings eher als Ausdruck des Ekels, da Katzen auf diese Weise vor allem intensive, dem Menschen widerwärtige Gerüche wahrnehmen. (Anm. d. Ü.)

BESTENS AUSGERÜSTET

Sobald wir einen Hähnchenschenkel berochen und für gut befunden haben, wollen wir ihn im Allgemeinen fressen. Zum Glück ist unsere raue, widerhakenbewehrte Zunge bestens für den Job gerüstet. Mit zwei vollständigen Geschmacksknospensets ausgestattet, sind wir fähig, eine große Palette zarter und erlesenster Aromen wahrzunehmen, feine Strukturen auszumachen und vielfältige Formen zu unterscheiden.

Die einzige uns nicht zugängliche Geschmacksrichtung ist Süße. Was wiederum nicht heißt, dass wir keine Schaummäuse essen oder essen wollen. Es bedeutet lediglich, dass wir Schaummäuse nicht schmecken können.

Ein weiterer echt cooler Aspekt unserer Zunge sind die vielen kleinen vorstehenden Papillen, die sie bedecken. Mit diesen winzigen Widerhaken können wir auch noch das letzte bisschen Fleisch von einem Knochen raspeln.

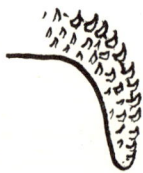

Obendrein läßt sich unsere Zunge zu einem sehr effektiven Löffel umformen, um leckere frische Sahne oder Wasser in Windeseile aufzuschlecken. Sie ist die Antwort der Natur auf das Campingbesteck des Menschen.

Solltest du nun immer noch beschuldigt werden, eine überpenible und verwöhnte Gourmetmieze zu sein, dann empfehle ich dir, die folgenden Listen auszuschneiden und sie gut sichtbar an den Kühlschrank zu kleben. Obwohl sie bei weitem nicht vollständig sind, klären sie doch deutlich darüber auf, wie du gefüttert werden solltest.

DINGE, DIE WIR NICHT ESSEN

- Alles, was im Napf ist
- Alles, was als Großpackung erhältlich ist
- Die Sorte Katzenfutter, die im Angebot war
- Cheeseburger
- Teure und angeblich gesunde Bio-Katzenleckerlis

WAS WIR ESSEN, WENN WIR LUST DARAUF HABEN

- Kartoffelauflauf mit Käse-Sahne-Soße
- Unbewachte Ravioli
- Extragroße Cheeseburger
- Das eine oder andere Stück Plastikfolie
- Teure und angeblich gesunde Bio-Katzenleckerlis

WAS STIMMT MIT DEM HEUTIGEN FRESSEN NICHT?

- Zu salzig
- Nicht salzig genug
- Nur mäßig köstlich
- Kein ansprechendes Aussehen
- Falscher pH-Wert
- Ein paar Grad zu warm

Einfacher geht es nun wirklich nicht.

Die eigenen
vier Wände

Ein eigenes Heim ist der Traum vieler Katzen. Allerdings ist der Entschluss dazu eine wirklich große, das Leben verändernde Entscheidung, die nicht auf die leichte Schulter genommen werden sollte. Als Neuling auf dem Katzeneigenheimmarkt solltest du, während du dich umschaust, intensiv über deine Wünsche und Bedürfnisse nachdenken. Es wird schließlich für lange Zeit dein Zuhause sein. Trage also Sorge, dass du deine besten Jahre nicht auf einem schäbigen und verwohnten Ausguck in direkter Nachbarschaft zum Katzenklo verbringst.

Die erste Hürde ist die Suche nach einem vertrauenswürdigen Makler. Das ist ausgesprochen schwierig, denn der Katzeneigenheimmarkt ist nicht gerade ein heiß umkämpftes Feld. Wahrscheinlich ist dein Frauchen die einzige Maklerin im weiten Umkreis. Bestehe darauf, dass sie zumindest einen hellbraunen Blazer trägt, damit euer Verhältnis auf der professionellen Ebene bleibt.

Deine Maklerin wird mit Sicherheit darauf bestehen, dass es vor allem auf die richtige Lage ankommt: Location, Location, Location ist das, was zählt. Bist du eher eine der unauffälligen, zurückhaltenden Katzen, die es vorziehen, sich in einer abgeschiedenen Ecke zusammenzurollen? Oder steht dir der Sinn nach einem erstklassigen Platz in Fensternähe mit Sicht auf das Vogelhäuschen? Suche diverse Lieblingsorte auf und verbring dort zu verschiedenen Tageszeiten ein wenig Zeit. Die Südseite des Gästezimmers scheint der ideale Ort zum Sonnen zu sein, allerdings könnte die Decke feucht werden, wenn es regnet. Stelle darüber hinaus vor deinem Einzug sicher, dass du nicht in unmittelbarer Nachbarschaft einer Sambaschule für Nagetiere wohnst.

Innerhalb eines Wohngebiets findest du für jeden Anspruch und in jeder Preislage eine Auswahl an Möglichkeiten. Vielleicht reicht dir ja ein einfacher Ruheplatz oben auf einem sisalumwickelten Pfahl oder aber du sehnst dich nach Abwechslung und ausreichend räumlichen Entfaltungsmöglichkeiten. Wofür auch immer du dich entscheidest, du solltest die richtige Wahl für *deine* Bedürfnisse treffen. Nur weil die nebenan wohnende, hochnäsige Manx-Katze zwischen den Plattformen ihres fünfstöckigen, handgefertigten Turms in Form einer japanischen Pagode herumspringt, bedeutet das noch lange nicht, dass dies auch für dich das Richtige ist. Deine gesamte Freizeit damit zu verbringen, ein teppichüberzogenes Schloss instandzuhalten, nur um damit die Nachbarn zu beeindrucken, ist kein Leben.

An diesem Punkt angekommen, wird dir deine Maklerin wahrscheinlich zeigen, was zurzeit auf dem Markt zu haben ist. Auch wenn du etwas siehst, das dir gefällt, solltest du nichts überstürzen. Unterziehe das Objekt einer genauen Prüfung, bevor du dich entscheidest. Ein paar hängende Seile mögen wie eine Sonderausstattung der Extraklasse aussehen – bis du eines Tages auf das Hartholzparkett krachst, weil sie deinem Gewicht nicht standgehalten haben.

Deine Maklerin wird dir wahrscheinlich ähnliche Modelle wie die unten aufgeführten zur Wahl stellen:

Dieser gemütliche Bungalow ist das ideale Einsteigerheim.
Unangenehme Flecken müssen Sie nicht fürchten, da der Teppichbezug in vielen verschiedenen Farbtönen frei wählbar ist und auf die Maserung Ihres Lieblingsfutters abgestimmt werden kann!

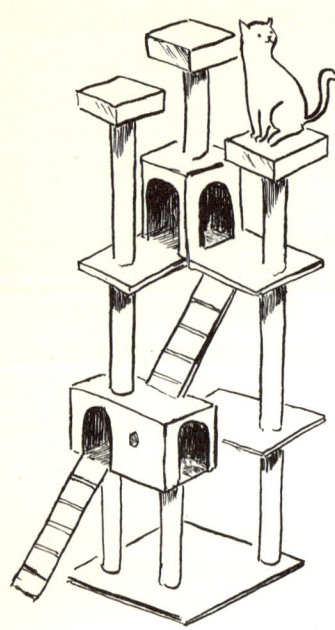

Sie sind am liebsten ganz obenauf?

Oder doch eher im Erdgeschoss? Welch gepflegtes Plätzchen! Gleiten Sie den Pfahl hinab und machen Sie es sich bequem! Die großzügig geschnittenen Räume bieten Platz für viele Gäste, sodass Sie endlich all die coolen Kater und Miezen aus der Nachbarschaft einladen können.

Paradiesisch!

Machen Sie einen auf Rastafari, kraxeln Sie den Stamm hinauf und entspannen Sie sich in Ihrer ganz privaten Kuschel-Kokosnuss. Selbst im kalten Flensburg verbreitet dieses Ensemble ein exotisch-tropisches Flair!

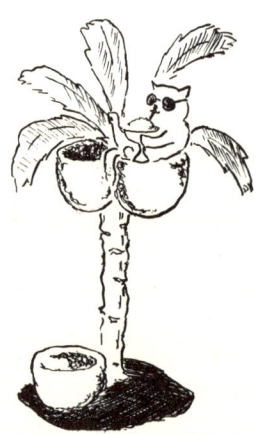

Nachdem du mit deiner Maklerin alle Möglichkeiten in Betracht gezogen hast, stellst du unter Umständen fest, dass du den von dir gesuchten Platz schon lange vorher gefunden hast – es ist dein Zuhause. Jetzt ist es Zeit, dass dein Frauchen diesen albernen Blazer auszieht und in seine Kittelschürze schlüpft.

Anstatt sich ein neues Domizil zu suchen, reicht es unter Umständen, die Behausung deines Menschen so umzugestalten, dass sie deinen eigenen Vorstellungen mehr entspricht. Hier bieten sich nahezu grenzenlose Gestaltungsmöglichkeiten. Mit Regalen, Aussichtsplattformen und von der Decke baumelnden Hängematten lässt sich ein Raum ohne weiteres in ein wahres Katzenparadies verwandeln.

Wozu um alles in der Welt benötigt dein Mensch ein Arbeitszimmer? Dieser Raum wäre als trautes Heim deiner Wahl doch viel besser genutzt!

Vor- und Nachteile der Verdrießlichkeit

Manchmal haben Katzen einfach schlechte Laune. Wir wachen auf und uns ist absolut nicht danach, herumzutollen, zu fressen oder auch nur ein Nickerchen zu machen. Nein, wir sind kleinlich, griesgrämig und giftig, und es sieht auch nicht danach aus, als wenn sich das so schnell ändern würde. Das Gute daran ist, dass unsere Laune sich nicht unbedingt heben muss. Wenn du grantig bist, ist es manchmal am besten, die schlechte Stimmung einfach auszuleben. Im Folgenden findest du ein paar Entscheidungshilfen, um das Für und Wider abzuwägen:

VORTEILE

- Dein Mensch und alle anderen Tiere im Haus machen einen weiten Bogen um dich.
- Du hast endlich die Rechtfertigung dafür, nach allem und jedem zu schlagen, der deinen Weg kreuzt.
- Dein Fressen mundet mit einer entsprechenden Grundeinstellung besser.
- Sauer in einer Ecke zu sitzen entspannt verhärtete Muskeln.
- Menschen behandeln dich, als wärst du nicht schlecht gelaunt, sondern krank, was dir unter Umständen Leckerlis einbringt.

- Du kannst endlich an dem Drehbuch arbeiten, in dem eine Katze Bundeskanzlerin wird.
- Wenn du eine ganze Zeit lang bewegungslos dasitzt, läuft dir vielleicht eine Maus über den Weg, auf die du dich stürzen kannst.
- Mürrisch sein beruhigt den Magen.
- Perioden verdrießlicher Inaktivität senken den Blutdruck und verlängern dein Leben.
- Du hast einen guten Grund, einfach nur still dazusitzen und finster dreinzublicken.
- Du kannst innerlich die Hitliste deiner Lieblingsspielzeuge überarbeiten.
- Indem du die typische Haltung einer übelgelaunten Katze einnimmst, erzeugst du einen natürlichen Bogen – eine der statisch stabilsten Formen.
- Schmollen ist gut für dein Fell.
- Du trainierst die tieferen Register deiner Stimme, indem du alles und jeden anknurrst.
- Man kann nicht oft genug einen Buckel machen.
- Justiere deine Ohren, indem du sie auf jeden noch so leisen Laut ausrichtest, ohne deinen übrigen Körper zu bewegen.
- Obwohl sich generell schon immer alles um dich gedreht hat, dreht sich jetzt alles noch mehr nur um dich.
- Angesichts deiner schlechten Laune ist der Eindruck, den Phasen deiner guten Laune hinterlassen, umso nachhaltiger.
- Es ist eine wundervolle Überleitung zu einem Nickerchen.
- Du kannst jeden im Haus ausspionieren und Notizen für später machen.

- Schlechte Laune bringt dich in Kontakt mit deiner inneren Dschungelkatze.
- Du hast die Muße, in aller Ruhe eine Bestandsaufnahme deines Körpers zu machen, und kannst somit sicherstellen, dass sich alles am rechten Platz befindet.
- Es hilft dir, sich alle Objekte im Raum einzuprägen, was zukünftig als toller Trick auf jeder Party taugt.
- Dein Schwanz wird so richtig durchtrainiert, wenn du ihn wie irre herumpeitschen lässt.
- Jemand könnte trotz deiner Warnungen versuchen, dich durch Streicheln aufzumuntern.
- Nach einer Weile vergisst du, warum du überhaupt geschmollt hast.
- Wenn du lange und genervt genug starrst, kannst du durch Wände sehen.

NACHTEILE

Mir fällt keiner ein.

Sei schlauer als dein Spielzeug!

Spielzeuge sind schon rätselhaft. Sie locken und nerven gleichermaßen und schaffen es immer wieder, dich von den wirklich wichtigen Dingen des Tages abzuhalten. Denke einmal darüber nach. Aber vielleicht bist du auch gerade abgelenkt, weil ein Spielzeug vor deinem Gesicht baumelt und deiner vollen Aufmerksamkeit bedarf. Genau darum geht es hier nämlich. Mit einem Spielzeug zu spielen, das dein Zweibeiner dir vor die Nase setzt, ist unvermeidlich. Allerdings kannst du dich als schlauer erweisen und es austricksen, damit es dir nichts mehr anhaben kann. Auf diese Weise bist du in der Lage, dich wieder den Dingen zu widmen, die wirklich von Belang sind.

TUNNEL

Auch wenn der Tunnel nicht gerade zu den Spielzeugen klassischer Art gehört, so haftet ihm doch die Eigenschaft an, dir spielend jede Menge Zeit zu rauben. Du kannst ihn fast rufen hören: »Hier Miez, Miez, Miez! Komm rein! Ich verspreche dir, dass du jederzeit aufhören kannst!« Und in dem Moment, da du in den Tunnel hineinkriechst, wird dir klar, dass du in eine Falle getappt bist. Natürlich ist der Ausgang direkt vor deiner Nase und ein anderer unweit hinter dir. Aber was wäre, wenn in genau dem Moment, da du hinauskriechst, etwas unglaublich Tolles im Tunnel geschieht? Sollte man also nicht besser abwarten, bevor man etwas verpasst?

Der Tunnel denkt, er sei schlauer als du, weil er dich in sein Inneres zwingt, damit du mitbekommst, was vor sich geht ... dort drinnen. Drehe also den Spieß um und reiße den verdammten Tunnel weit auf!

Betritt ihn, wie du es immer getan hast. Lass dir nicht anmerken, dass du einen Plan hast. Wenn du in der Mitte angelangt bist, drehst du komplett durch. Schlag wie wild mit deinem Schwanz. Schwinge deine Krallen so schnell, dass es aussieht, als hättest du acht Arme. Werde zu einer Oktopussy!

Es wird nicht lange dauern und deine wilden Attacken haben einen neuen Tunnelausgang geschaffen, durch den du dem Bauch der Bestie entkommen kannst. Zusätzlich bietet dir dieses Loch die Möglichkeit, das Tunnelinnere zu beobachten, ohne wieder hineinkriechen zu müssen. Dein sogenanntes Spielzeug wird es sich zukünftig zweimal überlegen, dich in sein hinterhältiges Inneres zu locken.

KATZENANGEL

Manche dieser flexiblen Stäbe mit Gummischnur am oberen Ende sind mit ein paar Federn ausgestattet. Manchmal besteht das Ganze sogar nur aus einer Schnur mit einem Stückchen Pappe. Wie auch immer, das Ziel ist stets dasselbe: Schnelle durch die Luft, versuche, das Anhängsel von der Schnur zu reißen, und wende dich wieder dem normalen Tagesablauf zu. Leider ist das Unschädlichmachen dieser Biester extrem anstrengend. Sie wagen sich ganz nah an dich heran, als wollten sie dir etwas zuflüstern, und dann springen sie plötzlich weg, nur um zurückzukommen und erneut wegzuspringen und schließlich auf deinem Kopf zu landen. Nach einer schier endlosen Jagd gelingt es dir irgendwann, die Katzenangel zum Stillstand zu bringen. Zu diesem Zeitpunkt bist du allerdings so erschöpft, dass du Projekte wie das weitere Aufrebbeln der Tagesdecke verschieben musst. Glücklicherweise kann man die Angel auch in der Hälfte der Zeit und mit deutlich geringerem Energieaufwand erledigen, und zwar so:

Berührt dich die Angel das erste Mal, stehst du auf und gehst weg. Diese Taktik mag zunächst rückständig erscheinen, aber bereits nach wenigen Sekunden stoppt die Angel. Ungefähr zum selben Zeitpunkt verlässt dein Mensch das Zimmer. Jetzt stürmst du wieder zurück, springst auf die Angel und zerfetzt, was immer sich an ihrem Ende befindet. Solltest du später zurückkehren und deinen Menschen dabei ertappen, wie er ganz allein mit der Angel herumspielt, dann stimmt mit ihm etwas nicht und du solltest die Situation im Auge behalten.

BEUTEBALL

Gibt es etwas Süßeres als den eindeutigen Sieg über ein Spielzeug? Ja: Den Geschmack des Hühnchen-mit-Leber-Leckerlis aus dem Innern deines Spielzeugs! Leider sind Beutebälle ziemlich harte Nüsse – und das nicht nur im übertragenen Sinne. Sie verspotten dich, indem sie ihre köstlichen Leckereien fest und sicher in ihrem Innersten verschlossen halten. Um an das Futter innerhalb ihrer harten Plastikschale oder strapazierfähigen Plüschhülle zu kommen, braucht es oft Stunden des Schredderns, Kauens und Krallens. Mit ein bisschen Erfindungsgabe lässt sich dieser Prozess allerdings deutlich verkürzen.

Lass dich nicht von der harten Schale des Balls einschüchtern. Tief im Innern ist er ein Weichei. Um das Biest ohne weitere Umstände zu knacken, musst du es einfach aus größerer Höhe fallen lassen. Eine steile Treppe oder der Balkon eignen sich gut dafür. Schubs den Ball herunter und laufe schnell hinterher, um dich an seinen Resten zu laben. Achte von Anfang an darauf, dass du Kindern oder Eichhörnchen zuvorkommst, damit sie deine Beute nicht stehlen können.

Plüschspielzeuge schützen ihre Leckereien besser als ihre hartschaligen Genossen. Ein Zehnmetersturz aus dem zweiten Stockwerk scheint sie nur noch widerspenstiger zu machen.

Und sie verweigern dir nicht nur das Leckerli, sondern vergeuden auch noch deine wertvolle Zeit. Mit ein wenig technischer Hilfe – insbesondere aus dem Küchenbereich – lassen selbst sie sich aber fast mühelos knacken. Sobald dein Mensch außer Sichtweite ist, springst du mit dem gefüllten Spielzeug auf die Arbeitsfläche in der Küche. Lass das Plüschvieh in den Mixer fallen, verschließe ihn mit dem Deckel und schalte ihn auf eine beliebige Stufe. Ich empfehle den feincremigen »Smoothy«. Diese Stufe produziert eine köstliche, sahnige und erfrischende Plüsch-Leckerli-Mischung.

LASERPOINTER

Hierbei handelt es sich um eine neue Spielzeugzüchtung, die immer noch viele Katzen komplett verwirrt. Eigentlich hat man den Lichtpunkt erwischt, sobald man ihn mit den Pfoten vollständig abdeckt. Aber dieses kleine rote Biest ist oberschlau. Wie schnell du auch reagierst, dem Lichtpunkt gelingt es immer wieder aufs Neue, sich auf deiner Pfote niederzulassen. Die quälende Jagd kann Stunden dauern und die einzige Chance, die man als Katze hat, ist, den roten Punkt so lange zu schlagen, bis er endlich verschwindet. Aber auch hier gibt eine einfachere Methode.

Das nächste Mal, wenn dich dieser kleine Störenfried belästigt, schnappst du dir den Schminkspiegel deines Frauchens. Nur wenigen ist bekannt, dass Spiegel die natürlichen Feinde des Laserpointers sind. Warte, bis sich der rote Punkt am Boden befindet, und schiebe dann schnell den Spiegel darunter. So schnell, wie der Lichtpunkt aufgetaucht ist, so schnell ist er auch wieder verschwunden. Feiere deinen Sieg, indem du das Gesicht deines Menschen ableckst, der aus unerfindlichen Gründen seine Augen abdeckt und herumschreit, er könne nichts mehr sehen.

Urlaubsplanung

Dein Mensch packt mal wieder die Taschen, um in den Ur-
laub zu fahren. Warum genießt nicht auch du die freien
Tage und entspannst ein wenig?

BESUCHE EIN NATURWUNDER

Beeindruckende Naturwunder gehören zu den absoluten
Höhepunkten einer jeden Reise. Selbst die matteste Seele
wird durch solch einen Anblick gestärkt und inspiriert.
Glücklicherweise steht allen Katzen der Zugang zu solch
einem Ort offen und er ist nicht weiter entfernt als das
nächste Badezimmer.

Solch ein Naturmonument während deines Urlaubs
zu besichtigen ist ein ganz besonderes Erlebnis. Beginne deine Expedition, indem du zunächst auf
den Rand kletterst. Strecke dann
deine Pfote aus und drücke auf die
Spülung.

Schau hinunter und werde
Zeuge ungezähmter Naturgewal-
ten. Lasse dabei Vorsicht walten,
damit du nicht hineinfällst, sonst
ist es um dich geschehen! Die

Kräfte der Natur können sehr bewegend, aber auch grausam und gnadenlos sein.

Bleibe ruhig eine Weile vor Ort. Die Aussicht ist so atemberaubend, dass manche Katzen sie immer wieder genießen – so vier- bis fünftausendmal.

RÄKEL DICH AM STRAND

Wir alle genießen es, von Zeit zu Zeit in der Sonne zu liegen, aber nur wenige von uns waren bisher am Strand.

Ist dein Mensch regelmäßiger Kunde im Bastelgeschäft, dann suche die Fenster nach einem Traumfänger oder einem Bleiglas-Schmetterling ab. Solltest du eines von beiden finden, dann halte auf dem Fensterbrett Ausschau nach einem Glas mit buntem Sand oder Strandgut. Die Chancen stehen gut, dass du fündig wirst.

War deine Suche erfolgreich, so hast du wirklich Glück, denn das bedeutet, dass der Strand in greifbarer Nähe ist. Wirf das Glas vorsichtig um. Langsam! Du willst den Strand schließlich nicht in den handgeflochtenen Weidekorb unter dem Fenster schütten. Denn in einer Alt-

papierablage voll Sand zu liegen ist nicht dasselbe, wie am Strand zu entspannen.

Sobald du den Sand verteilt hast, legst du dich darauf und genießt die Sonne. Sand nimmt Wärme viel besser auf als Teppichboden. Vergiss aber nicht, bei längeren Sonnenbädern genug zu trinken und deine empfindliche Nase mit einem UV-Blocker zu schützen.

VOLLPENSION

Gutes Essen ist ein wichtiger Aspekt eines jeden Urlaubs. Daher solltest du sicherstellen, dass du es auch bekommst, selbst wenn es für dich bedeutet, das Servicepersonal zu bestechen.

Nachdem dein Mensch abgereist ist, übernimmt nämlich jemand anders die Fütterungspflichten. Sich mit dem neuen Versorger anzufreunden und ihm ein wenig um den Bart zu gehen könnte darin gipfeln, dass du während deiner

Ferien ausschließlich fantastische Menüs aufgetischt bekommst.

Aushilfskräfte mögen es, wenn man sie gut behandelt. Sie sind zumeist unerfahren und ein wenig nervös, was die Erfüllung deiner Bedürfnisse angeht.

Wenn du sie mit Freundlichkeit und

Respekt behandelst, revanchieren sie sich für gewöhnlich mit Speisen, die nicht auf der normalen Tageskarte stehen.

Denke daran, sie dafür reichlich zu belohnen. Deine Aushilfskraft wird nicht eben verwöhnt und braucht deine Zuwendung, um ihren Job ordentlich zu machen.

URLAUBSLEKTÜRE

Ferien sind nicht nur dazu da, sich die Gegend anzuschauen und es sich gut gehen zu lassen. Hast du schon mal in Betracht gezogen, ein gutes Buch zu lesen?

Steht dir ein Strand zur Verfügung, ist dies der perfekte Ort zum Lesen, aber auch sonst kannst du dich überall ausstrecken und dich in den Seiten verlieren. Ein Nachmittag mit einem Buch könnte deinen Spaß am Schmökern neu entfachen.

INSIDERTIPPS

Während deines Urlaubs könnte der Tag kommen, an dem du genug hast vom ganzen Touristenrummel und du dich lieber ein wenig abseits der gewohnten Pfade bewegen möchtest, um ein paar Orte mit echtem Lokalkolorit kennenzulernen.

Gar nicht weit entfernt ist ein solches Ausflugsziel, das nur selten in gewöhnlichen Pauschalangeboten enthalten ist. Um dort hinzugelangen, musst du zunächst die magische Tür finden, die sich meist irgendwo in der Zimmerdecke, vorzugsweise in einem Wandschrank, befindet.

Um durch die magische Tür zu gelangen, musst du an der Kleidung hinauf auf die Stange klettern. Bist du dort angekommen, springst du hoch und hängst dich an das Seil, das von der in die Decke eingelassenen Klappe herunterbaumelt. Wenn sie sich unter deinem Gewicht öff-  net, gleitet eine Leiter hinab, deren Stufen du erklimmen kannst. Und schon bist du da.

Willkommen in einer neuen Welt, die darauf wartet, von dir erkundet und erforscht zu werden! Im Sommer kann sie brütend heiß, im Winter bitterkalt sein. Daher empfehle ich für eine Expedition dieser Art die Frühlings- oder Herbstsaison.

Dieser abgelegene Ort ist eine Fundgrube für alle Freizeithistoriker: Kisten voll alter Papiere, Fotos und Kleidung und keine störenden Passanten. Menschen lassen

 sich hier oben nur blicken, wenn sie verzweifelt auf der Suche nach einer Geburtsurkunde sind. Während deiner Tour bilden sich daher auch keine langen Schlangen vor den Attraktionen wie einer Jogginghose von 1982 oder einem in Sepiafarben auf alt getrimmten Familienbild, auf dem die Fotografierten lange Kleider und Vatermörder wie zu Kaisers Zeiten tragen.

Manchmal findet man an solchen Orten sogar echte Schätze, von denen Menschen nichts ahnen. Gegenstände wie eine alte Stradivari, die auf Auktionen mehrere Millionen bringt, oder die Erstausgabe eines wertvollen Comics: Die Versteigerung eines *Superman*-Hefts, das ursprünglich zehn Cent kostete, brachte erst kürzlich mehr als 245 000 Euro ein! Solltest du etwas Vergleichbares in die Pfoten bekommen, dann bringe es deinem Menschen als Urlaubsandenken mit. Es wird sich sicherlich darüber freuen.

Wenn du dir ein wenig mehr Zeit lässt, machst du vielleicht sogar Bekanntschaft mit der heimischen exotischen Tierwelt. Gegen Ende eines Dachbodenausflugs auch noch einer Fledermaus ansichtig zu werden ist eine unvergessliche Urlaubserinnerung! Halte jedoch gebührenden Abstand – Fledermäuse mögen keine Touristen.

Neigt sich dein Ausflugstag seinem Ende zu, steige wieder hinunter in dein trautes Heim und genieße das wilde Nachtleben, von dem dein Mensch dich sonst immer ausschließt. Lass die Fetzen fliegen. Schließlich sind dies deine Ferien!

Die neun Leben des Herrn Schnurri

Die meisten von uns haben absolut nichts dagegen, hin und wieder in Schwierigkeiten zu geraten. Was ist schon ein Kratzer hier oder eine Schramme dort, die man sich während eines normalen Katzenlebens einfängt, wenn man gleichzeitig voll und ganz auf seine Kosten kommt?

Das eine oder andere abenteuerlustige Kätzchen hat auf diese Weise durchaus schon mal zwei seiner neun Katzenleben im Laufe eines einzigen Jahres eingebüßt. Allerdings bedarf es eines ziemlichen Haudegens, um acht Leben innerhalb weniger Tage zu verbrauchen.

Tatsächlich weiß die feline Geschichte nur von einem Kater, dem diese unglaubliche Leistung bislang gelungen ist: dem legendären Herrn Schnurri, einem fröhlichen, draufgängerischen, dreifarbigen Glückskater aus dem Hamburger Vergnügungsviertel St. Pauli.

Die Legenden über ihn sind so zahlreich, dass einige Katzenhistoriker seine reale Existenz bis heute bezweifeln. Das geht so weit, dass Schnurri wie Ritter Roland oder Karl der Große, Pangur Bán* oder Muezza** für eine

---

* Weiser, weißer Kater, über den sein Mensch, ein irischer Mönch des 8. Jahrhunderts, ein Gedicht verfasst hat. (Anm. d. Ü.)

** Geliebte, legendenumrankte Katze des Propheten Mohammed. (Anm. d. Ü.)

mythologische Figur gehalten wird. Andere wiederum sind überzeugt, dass es genügend Beweise gibt, die die Existenz des Herrn Schnurri im Norden Deutschlands zu Beginn des 21. Jahrhunderts belegen. Schätzungen gehen davon aus, dass er irgendwann zwischen 1980 und 2004 in Hamburg gelebt hat.

Am 17. Juni 2006 schlug die Diskussion um Schnurri besonders hohe Wellen, als auf einem Flohmarkt in Hamburg-Altona ein Tagebuch auftauchte. Es enthält Details aus dem Alltag eines Katers, der sich selbst als »Herr Schnurri« bezeichnet und seine Leben in atemberaubendem Tempo hinter sich lässt. Der Fund ließ die Katzenwelt erbeben. Sollte es eine mutige Katze wie Herrn Schnurri wirklich gegeben haben, und noch dazu eine Hauskatze? Welche Konsequenzen ergeben sich daraus für andere Hauskatzen? Dies sind Fragen, die Katzenphilosophen bis heute beschäftigen.

Obwohl die Experten noch immer darüber streiten, ob es sich bei dem Tagebuch um eine Fälschung handelt oder nicht, halten es die meisten Katzen für echt und sehen es als klaren Beweis für die Meriten des Herrn Schnurri. Ist das Dokument tatsächlich authentisch, so stellt sich die Frage, wo sich dieser legendäre Kater heute befindet – und wie es ihm geht.

Die folgenden Seiten sind ein Auszug aus dem Tagebuch des furchtlosen Katers.

12. Mai

Liebes Tagebuch,

Du glaubst nicht, was mir heute passiert ist. Ich saß vor unserem Haus und nahm die Witterung des Tages auf, als ich eine Joggerin erblickte, die sich am Straßenrand die Schuhe zuband. Sie hatte Kopfhörer auf und überhörte daher das große Wohnmobil, das von hinten direkt auf sie zufuhr. Der Fahrer hupte, aber die Frau schien ihn nicht zu hören. »Wenn sie sich jetzt nicht bald rührt«, dachte ich, »wird der Wagen sie überfahren.«

Das konnte ich nicht zulassen. Ich musste etwas unternehmen! Ich lief zu ihr hinüber, miaute und fauchte sie an, um ihre Aufmerksamkeit zu erregen. Sie blickte auf, und ich deutete mit meiner Pfote auf das herannahende Wohnmobil. Sie kam gerade noch davon, und ich fühlte mich wie ein wahrer Held!

Aber dann war ich plötzlich ganz benommen, genau wie eine Mieze, die gerade ein Fiat Ducato gestreift hat.

13. Mai

Liebes Tagebuch,

den gestrigen Tag verbrachte ich überwiegend damit, mich beschmusen zu lassen. Nach dem Unfall waren alle ausnehmend nett zu mir. Es stellte sich heraus, dass der Wohnmobilfahrer die Joggerin die ganze Zeit im Blickfeld gehabt und nur mich übersehen hatte. Er brachte mich direkt zum Tierarzt, der diagnostizierte, dass ich ein putzmunteres und kerngesundes Kätzchen bin, das sehr viel Glück gehabt hatte. Trotzdem hat mir der Fahrer einen Strauß Lilien vor-

beibringen lassen. Und die Joggerin hat einen großen Korb Leckerlis geschickt, und Marie, mein Frauchen, war besonders nett zu mir.

Ich muss zugeben, dass es sogar irgendwie Spaß gemacht hat, nach meinem Zusammenprall mit dem Fahrzeug durch die Luft zu fliegen. Ich fühlte mich wie eine der Katzen in einem Kat-Fu-Film. He, vielleicht werde ich ja mal eine Stuntkatze!

Marie ist natürlich dagegen, dass ich irgendwelche Stunts ausprobiere oder noch weitere Leben rette. Sie war sogar sauer, dass ich überhaupt draußen war. Aber wen soll ich denn bitte schön im Haus retten – den vollen Wäschekorb? Sie behandelt mich ohnehin nicht wie einen Helden, sondern eher wie ein Baby. Und raus darf ich heute auch nicht mehr.

Mann, diese Lilien riechen aber gut, und schön sind sie auch noch. Ich frage mich, wie die wohl schmecken.

14. Mai

Liebes Tagebuch,

gestern lernte ich eine wichtige Lektion: Kein Imbiss ist die Fahrt in die Notaufnahme wert. Aber wie hätte ich wissen sollen, dass mir Lilien auf den Magen schlagen? Sollten Floristen diese Blumen nicht besser mit einem Katzenschädel sowie zwei gekreuzten Knochen darunter kennzeichnen? Die gute Nachricht ist, dass es mir schon wieder viel besser geht. Es ist ein wundervoller Tag! Marie hat alle Fenster geöffnet und die Wohnung ist erfüllt von frischer Luft. Allerdings auch von einer Menge dicker Schmeißfliegen. Mit einer hab ich schon den ganzen Morgen gespielt – ich nenne sie Ricardo. Da wir im vierten Stock leben, wundere ich mich schon die ganze Zeit, wie diese kleinen Biester hier eigentlich raufkommen.

Wie auch immer er das angestellt haben mag, Ricardo weiß anscheinend nicht, wie man wieder rauskommt. Er summt wie blöde durch die Wohnung, und ich bin es leid, ihn hier zu haben. Er soll gefälligst woanders rumsummen und einen anderen Kater in den Wahnsinn treiben.

Nun gut, ich werde dafür sorgen, dass diese dumme Fliege verschwindet! Ich werde ihn direkt aus dem Fenster jagen! Und wenn ich ihm direkt auf das –

ups, oh …

15. Mai

Jetzt ist es offiziell: Vier Stockwerke tief zu fallen ist mein persönlicher Höhenrekord. Marie befand sich nach meinem Sturz in einem Schockzustand. Und sie ist sehr überrascht, dass mir nichts passiert ist. Mir doch nicht! Ich lande immer auf den Pfoten. Bis auf das eine Mal mit dem Kaktus.

Wie dem auch sei, Marie jedenfalls wird immer besorgter. Jetzt hat sie sogar Gitter an den Fenstern angebracht. Das verbaut mir komplett die Aussicht und mein Fensterprogramm. Aber ich denke mal, dass es mich auch davon abhält, noch einmal hinunterzufallen.

Mir ist langweilig. Vielleicht sollte ich mir einmal diese zwei kleinen Löcher in der Wand näher anschauen. Schon witzig, ich habe noch nie verstanden, welchem Zweck die dienen sollen. Manchmal steckt Marie eine Art Schnur in die Löcher, wie zum Beispiel die, die an ihrem Föhn hängt, was ihn zum schnurren bringt.

Ich würde wirklich zu gern wissen, wie die Löcher funktionieren. Vielleicht beginne ich ja auch zu schnurren, wenn ich meine Pfote da reinstecke, wo die Schnur reinkommt!!! Ich werde wohl mal ein wenig experimentieren!!!

Merke: Überlasse die Experimente besser den Profis!

16. Mai

Ein weiterer wundervoller Tag. Ich dachte, ich stehle mich mal hinaus und schaue mir an, was in der Nachbarschaft so läuft. Und nach all den Unfällen, die mir im Haus passiert sind, gehe ich davon aus, dass ich draußen sogar besser aufgehoben bin.

Als ich also so da draußen in der Sonne sitze und mein Fell putze, schreckt mich plötzlich ein gewaltiges Krachen auf, das hinten aus Richtung der Mülltonnen kommt. Ich gehe hinüber, um mir das näher anzuschauen, und was finde ich? Einen Waschbären! Ich hatte vorher noch nie einen in echt gesehen, aber ich erinnerte mich an Fernsehsendungen, in denen davon die Rede war, Waschbären seien Katzen gegenüber sehr freundlich eingestellt. Mal sehen, ob wir Freunde werden.

17. Mai

Liebes Tagebuch,

meine Informationen über Waschbären waren grottenfalsch! Dafür habe ich, meiner Meinung nach, immerhin einen recht guten Kampf hingelegt. Hinterher musste ich zwar ein paar Tollwutspritzen über mich ergehen lassen, aber der Tierarzt meinte, es würde nur wenige Wochen dauern, bis meine Schnurrhaare nachgewachsen wären. In der Zwischenzeit sehe ich zu, mich beim Klatsch wieder auf den neuesten Stand zu bringen. Ich liebe die Geschichten über prominente Katzen, ihre Affären und Skandale! Marie bewahrt die Magazine oben auf dem Bücherregal auf, aber ich sehe kein

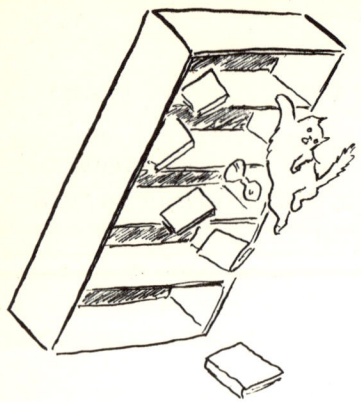

Problem, da ranzukommen. Ich muss nur auf die Couch klettern … und dann auf die Rückenlehne … und von da aus auf das erste Regalbrett … und dann muss ich mich nur ein wenig strecken …

18. Mai

Ich komme zu dem Schluss, dass ich meine eigene Kraft nicht richtig einschätzen kann. Jedenfalls verbrachte ich ungefähr 45 Minuten unter dem Bücherregal, bis man mich endlich fand. Alles in allem war die Aktion aber in Ordnung. In der Zwischenzeit habe ich einfach auf verschütteten Bergwerkskater gemacht. Darüber hinaus war ich unter Old Possums Katzenbuch begraben, und mir wurde während meines Ausharrens klar, dass T. S. Eliot in seinem ganzen Leben wahrscheinlich keine echte Katze näher kennengelernt hat.

19. Mai

Liebes Tagebuch,

die Gerüchte sind wahr: Ich bin im Lüftungsschacht stecken geblieben. Wieder einmal. Und nein, ich will nicht darüber reden.

20. Mai

Endlich Wochenende! Ich hatte zwar eine anstrengende Woche, aber jetzt geht es mir gut. Ich fühle mich nur ein kleines bisschen müde. Was ich mir wünsche, ist ein gemütlicher, warmer und dunkler Ort, an dem ich mich für ein Nickerchen zusammenzurollen kann.

Ein Ort wie dieser hier! Der ist doch perfekt!

Waaaaaaruuuum dreeeeeeeeeht siiiiiiich hieeeeer aaaaaaaaleeees?

21. Mai

Liebes Tagebuch,

also, während man trocken geschleudert wird, hat man viel Zeit zum Nachdenken. Ein Kater mag neun Leben haben, aber er sollte ein jedes davon leben, als wäre es das einzige. Übermut tut zwar gut, aber diese ganzen Nahtoderfahrungen haben mich gelehrt, wie ich den Rest meines Lebens wirklich verbringen möchte.

Es mag kein großes Abenteuer sein, aber es fühlt sich besser an als alles andere.

DANKSAGUNG

An dieser Stelle gebührt Dank:

ACTION 5: John Huston, Baly Cooley, Mike Loew, Victoria Skurnick, Daniel Greenberg, Elizabeth Fisher, Bruce Tracy, Patty Park, Ryan Doherty und Rob Pesce.

ANITA: Mum Maria und Pops David Serwacki, Pubka, Julianne Serwacki, Joan und Bob McDonald, Familie Camacho, Familie Rose, Kathy Kobler und meinem Stall verrückter Katzen.

CHRIS: Heather Sabin, Dale und Susan Pauls, Todd, Heather, Carter und Jackson Pauls, Dorothy Pauls, Doug Smith und seiner Familie, Matt Solomon, John und Jim Roach, *The Onion* und allen meinen Freunde in der Village Bar.

JANET: Barbara, Harold und Matthew Ginsburg, meinem Vater Roy, Camille Rose Garcia, Cheryl Benson, Dennis Messner, Traci Gallagher, Eileen Pierce, Q-Tip sowie meinen sehr verständnisvollen Freunden und Familienmitgliedern in der ganzen Welt.

JOE: meiner Familie (insbesondere Violet, da ihr Bruder im letzten Buch ein verstecktes Lob erhielt), Nick Gallo, *The*

Onion, Smartie und Tiny. Und natürlich dem Schreihals Bill Jackson.

SCOTT: Beryl und Leigh Sherman, dem verstorbenen Karl Weintraub, The Second City, *The Onion*, David Miner, Greg Walter, Bryan Saunders, Chidozie Ugwumba, Andy Elkin, Dianne McGunigle und Ella.

DIE CO-AUTOREN

ACTION 5 ist eine in New York und Wisconsin lebende Gruppe von Autoren, die sich dem Schreiben von Comedy widmet. Ihr erstes Buch *Lebe wild und gefährlich: Alles, was ein Hund wissen muss* ist als Taschenbuch erhältlich.

Im Einzelnen handelt es sich bei ihnen um:

JOE GARDEN ist Kulturredakteur bei *The Onion*. Er schreibt für die PBS-Zeichentrickserie *WordGirl*. Er hält eine Katze mit Namen Smartie, die sich endlich ihren Unterhalt selbst verdient, und besaß eine weitere Mieze namens Tiny, die er sehr vermisst.

JANET GINSBURG war Produzentin für *The Daily Show with Jon Stewart* und Redaktionsmitglied bei *The Onion*. Für die Fernsehkanäle Discovery, Sci-Fi und E!Entertainment entwickelte und produzierte sie verschiedene Formate. Sie schreibt unter anderem für *Vibe*, *Blender* und *LA Weekly*. Sie war sehr eng befreundet mit einer Katze namens Q-Tip und lebt in Brooklyn.

CHRIS PAULS schreibt Artikel für *The Onion*. Mit seiner Frau und den drei Katern Freddie, Albert und BB King lebt er in Middleton, Wisconsin.

ANITA SERWACKI schreibt für *The Onion* und für die PBS-Zeichentrickserie *WorldGirl*. Sie arbeitete außerem als DJ in New York City und war für die Musik in dem Dokumentarfilm *The Kid Stays in the Picture* verantwortlich. Während ihrer Kinder- und Jugendzeit besaßen ihre Eltern eine Katze namens Samantha, die sich selbst beibrachte, die WC-Spülung zu betätigen, was Anita ziemlich schräg fand. Nach gerade mal einer Woche ließ Samantha davon ab, was noch viel schräger war. Zurzeit lebt Anita mit ihrem Ehemann Joe Garden und ihren Katzen Bacon und Pokey in Brooklyn. Tiny ruhe in Frieden.

SCOTT SHERMAN ist als Autor an der Sendung *Important Things with Demetri Martin* beteiligt. Zuvor gehörte er der Redaktion von *The Onion* sowie dem Onion News Network an. Darüber hinaus schreibt er für *The New York Times Magazine*, Spike TV und A&E. Er lebt in New York City.

DIE ILLUSTRATORIN

EMILY FLAKE arbeitet als Illustratorin, Comic-Zeichnerin und Autorin. Sie hat die Cartoonfigur *Lulu Eightball* erschaffen und ist Autorin von *These Things Ain't Gonna Smoke Themselves*. Sie lebt in Brooklyn.

Nichts ist lustiger als die Wirklichkeit

Joab Nist

**WELLENSITTICH
ENTFLOGEN.
FARBE EGAL**

Kuriose Zettelwirtschaft

ISBN 978-3-548-37433-8
www.ullstein-buchverlage.de

Sie hängen an Kreuzungen, an Haltestellen und in Hauseingängen: witzige, kreative und kryptische Zettel. Sie erzählen von der Liebe, von Döner-Köchen, verlorenen Kleinoden, den Problemen beim Zusammenleben und dreibeinigen Katzen.
Eine höchst unterhaltsame Zettelwirtschaft.

US388

October Jones

SMS VON MEINEM HUND

Die abgedrehten Messages meines besten Freundes

SOS! Mein
Hund schickt
SMS!

ISBN 978-3-548-37512-0

Wunderbar witzig und schlichtweg wuff: Diese tierischen Abenteuer werden sogar Katzenliebhaber begeistern!

»Geniale Edelhundfeder!« *Huffington Post*

»Bitte mehr! Von diesen allzu realistischen und brüllend komischen Dialogen kann man einfach nicht genug kriegen!« *Glamour*

Auch als ebook erhältlich
e-book

ullstein

www.ullstein-buchverlage.de

US418